Tarık Efe Kendir

Hidrolik Enerji Tesislerinde Optimum Denge Bacası Formu Araştırılması

Tarık Efe Kendir

Hidrolik Enerji Tesislerinde Optimum Denge Bacası Formu Araştırılması

Türkiye Alim Kitapları

Impressum / Künye
Bibliografische Information der Deutschen Nationalbibliothek: Die Deutsche Nationalbibliothek verzeichnet diese Publikation in der Deutschen Nationalbibliografie; detaillierte bibliografische Daten sind im Internet über http://dnb.d-nb.de abrufbar.

Deutsche Nationalbibliothek tarafından yayınlanan bibliyografik bilgiler: Deutsche Nationalbibliothek, bu yayını Deutsche Nationalbibliografie'de listeler; detaylı bibliyografik bilgi İnternet'te http://dnb.d-nb.de sitesinde mevcuttur.

Coverbild / Kitap kapağı resmi: www.ingimage.com

Verlag / Yayıncı:
Türkiye Alim Kitapları
ist ein Imprint der / yayınevinin bir ticari markasıdır
OmniScriptum GmbH & Co. KG
Bahnhofstraße 28, 66111 Saarbrücken, Deutschland / Almanya
Email / E-posta: info@omniscriptum.com

Herstellung: siehe letzte Seite /
Basım yeri: son sayfaya bakın
ISBN: 978-3-639-67306-7

Hidrolik Enerji Tesislerinde Optimum Denge Bacası Formunun Araştırılması

İÇİNDEKİLER

İÇİNDEKİLER (devam)

İÇİNDEKİLER (devam)

Sayfa

İÇİNDEKİLER (devam)

Sayfa

İÇİNDEKİLER (devam)

Sayfa

ŞEKİLLER DİZİNİ

ŞEKİLLER DİZİNİ (devam)

ŞEKİLLER DİZİNİ (devam)

ÇİZELGELER DİZİNİ

Çizelge Sayfa

1. GİRİŞ

İnsan yaşamının devamı için olmazsa olmazlardan biri olan enerjinin sağlanmasında, fosil yakıtların ağırlıklı olarak kullanıldığı, bilinen bir gerçektir. Fosil yakıtlar ise, bir taraftan çevreyi kirletirken, diğer taraftan tükenmeye doğru gitmektedirler. Bu nedenle, insanların enerji gereksinimlerinin karşılanmasında, yeni ve çevre dostu enerji kaynaklarının bulunması ve kullanılması kaçınılmazdır. Bu yeni ve çevre dostu enerji kaynakları, yenilenebilir enerji kaynakları olarak adlandırılan güneş, rüzgar, hidrolik, dalga, biyomas ve jeotermal enerji kaynaklarıdır. Özellikle Türkiye'de, enerji ihtiyacının karşılanmasında büyük önem taşıyan hidrolik enerji tesisleri, yenilenebilir enerji kaynaklarının en önemlilerinden biridir. Hidrolik enerji, depolanma kolaylıkları ve sürekliliği açısından dünyada en güvenilir enerji kaynakları arasında gösterilmektedir (Şen, 2003).

Hidrolik enerji, doğada bulunan suyun sahip olduğu enerjinin dönüşümünden elde edilir (Şen, 2003). Bu dönüşümler sırasında, cebri borularda basınçlanan su, türbin yükündeki değişimlerle birlikte, ani olarak sistemlerde akış kararlılığının bozulmasına neden olmaktadır. Bunun sonucunda, sistemde ani şok basınçları oluşmakta ve hasarlar meydana gelmektedir (Gülhan, 1984). Bu oluşan basınç değişimleri, su darbeleri olarak adlandırılmaktadır (Yüksel, 2000).

Bu çalışmada amaç; hidrolik enerji tesislerinde, türbindeki yük değişimleri esnasında oluşan basınç değişimlerini azaltmaya yönelik olarak kullanılan denge bacalarındaki kütlesel salınımların nümerik ve deneysel olarak incelenmesi ve en uygun denge bacası formunun elde edilmesidir.

Bu amaçla, örnek olarak bir hidroelektrik enerji tesisi ele alınmıştır. Bu sistem, nümerik olarak rijit ve elastik su sütunu yaklaşımı ile çözümlenmiştir. Nümerik yöntemlerden, rijit su sütunu yaklaşımında sonlu farklar yöntemlerinden ΔV'ler yöntemi kullanılmış olup, elastik su sütunu yaklaşımında basit sabit grid sistemli karakteristikler yöntemi kullanılmıştır. Daha sonra, rijit ve elastik su sütunu yaklaşımına göre, belirli bir örnek sistem için, geleneksel kuyu tip, boğumlu tip, düz V tip ve ters V tipi denge bacaları için veriler elde edilmiştir.

Bu veriler ışığında, optimum çözüm olarak ortaya çıkan 2° eğimli düz V tipi denge bacası için sistem modeli oluşturulmuştur. Fakat bu modelde, daha sonra açıklanacağı gibi, benzeşim kurallarına tam olarak uyulamamıştır. Bu nedenle; oluşturulan sistem, model değil, model yaklaşımı terimi ile tanımlanacaktır. Daha sonra, bu model yaklaşımı sistemi, Ege Üniversitesi Makina Mühendisliği Bölümü imkanlarıyla kurulmuştur. Bu düzenekte sistem için, belirli şartlar altında deneyler gerçekleştirilmiş olup, elde edilen değerler hem model yaklaşımı sistemi verilerinin nümerik hesapları ile hem de prototip ölçülerine sahip sistem hesaplarından nümerik olarak elde edilen sonuçlar ile karşılaştırılmıştır. Sonuçta, optimum denge bacası formlu sistem için deneysel olarak elde edilen sonuçlar, nümerik olarak elde edilen sonuçlar ile örtüşmekte olup; bu durum, bu çalışma ile elde edilen optimum denge bacası formunun doğruluğunu göstermektedir.

Bu çalışmada, daha önceki çalışmalara ek olarak, denge bacası şekilleri üzerinde durulmuş, denge bacasındaki kayıplar göz önüne alınmış, rijit su sütnunu yaklaşımında hız yükleri ifadelere katılmış, sistem modelleme yaklaşımı ile model yaklaşım sistemine indirgenerek deney yapılmış ve sonuçlar karşılaştırılmıştır.

2. ÖNCEKİ ÇALIŞMALAR

İnsanoğlunun su gücünden yararlanması, milattan öncesine dayanmaktadır. Su gücünün, elektrik enerjisi eldesi için kullanılması ise, ilk olarak 1882 yılında Amerika'da Wisconsin'de kurulan hidroelektrik istasyonla başlar (Anonim, 2006a). Türkiye'de ise, ilk hidroelektrik enerji tesisinden elektrik üretimi 1902 yılında Tarsus'ta gerçekleşmiştir (Ünal vd., 1999).

Su darbeleri ile ilgili çalışmalar, ilk olarak 19'uncu yüzyılın sonlarında Joukowski tarafından yapılmıştır. Daha sonrasında, Allievi, 20'inci yüzyılın başlarında konuyu incelemiş ve kendi adıyla anılan eşitlikleri, Von Riemann eşitlikleri ile çözümlemiştir. Ancak, Allievi, burada, h ve V bağımlı değişkenlerinin yere bağlı ifadelerini, zamana bağlı değişkenler yanında ihmal etmiştir. Bu kabuller, karmaşık sistemlerde önemli hatalara neden olmaktadır (Fox, 1989; Pickford, 1969).

Grafik yöntemle denge bacası analizi ise Schnyder ve Bergeron tarafından 1930'lu yıllarda geliştirilmiştir. Angus, bu yöntemi ingilizce diline çevirerek ve Lupton (1953) ise açıkça anlatarak okuyuculara tanıtmışlardır (Pickford, 1969). Bu yöntemde, Allievi yöntemi gibi Von Riemann eşitlikleri ile sistem çözümlenmekte, fakat, sürtünme etkileri de dikkate alınmaktadır (Fox, 1989).

Denge bacasındaki salınımlar ile ilgili diğer önemli çalışmalar, Calame ve Gaden tarafından 1926 yılında yayınlanmıştır. Calame ve Gaden, denge bacasındaki yükseklik değişiminin, denge bacasındaki hıza bağlı olarak değişimi üzerine bir grafik yöntem geliştirmişlerdir. Daha sonrasında, Escande (sonlu farklarla) ve Jaeger denge bacaları üzerine değişik çalışmalar yapmışlardır. Jeager, Allievi denklemlerini genelleştirerek, bir dönüşüm katsayısı elde etmiştir (Pickford, 1969; Pearsall, 1962; Hager, 2001).

Daha sonraki yıllarda ise, su darbesi denklemelerinin çözümünde karşılaşılan zorlukları aşmak için, karakteristikler metodu geliştirilmiştir. Bu yöntem, en sağlıklı yöntem olarak gösterilmektedir. Bu yöntemin, basit sabit grid sistemi (zaman interpolasyonlu), sabit grid sistemi (aralık interpolasyonlu) ve değişken grid sistemi (zaman ve aralık interpolasyonlu) yaklaşımları mevcuttur. Bu çalışma kapsamında denge bacasındaki salınımları elde etmek için kullanılan, sabit grid sistemli karakteristikler yöntemi ise, 1963 yılında Streeter ve Lai tarafından, akışkan hızının ses hızı yanında çok küçük olduğu ve ihmal edilebileceği varsayımı ile verilmiştir (Yüksel, 2000; Fox, 1989; Selek vd., 2004).

Selek vd. (2004), yaptıkları çalışma ile, Çatalan hidroelektrik tesisindeki su darbelerini (denge bacası olmadan), deneysel olarak elde ettikleri verileri karakteristikler metotlarını kullanarak elde ettikleri verilerle karşılaştırarak incelemişlerdir. Sonuçta, değişken grid sisteminin deneysel sonuçlara en yakın değerleri verdiği, ancak basit sabit grid sisteminin de oldukça gerçeğe yakın sonuçlar verdiğini göstermişlerdir.

Türkiye'de ise, hidrolik enerji tesislerinde denge bacalarındaki kütlesel salınımlar üzerine üniversitelerde yapılan araştırmalar incelendiğinde, aşağıda verilen çalışmalar bulunmuştur:

1. Gülhan (1984), hidrolik enerji tesislerindeki su darbelerini teorik olarak incelemiş, denge bacası ile türbin karakteristiklerinin su darbeleri üzerine etkisini araştırmıştır. Burada, basit tip bir denge bacası incelenmiş ve karakteristikler yöntemi kullanılmış olup, denge bacasındaki sürtünmeler dikkate alınmamıştır (Bir bilgisayar programı yazılmış olup, bu program çalışmamızda geliştirilmiştir.). Ayrıca, ses hızı, gerçek dışı bir değer olan 25000 m/s alınmıştır.

2. Selek (1993), hidrolik enerji tesislerinde, denge bacalarındaki kütle halindeki salınımları, teorik olarak rijit su sütunu yaklaşımı ile sonlu farklar metotlarını kullanarak incelemiş (değişik denge bacası tipleri için), su darbelerinde ise karakteristikler yöntemini kullanmıştır. Su darbeleri üzerine denge bacasının etkisini ise, zaman içerisinde su seviyesi değişen bir denge bacası sınır şartı alarak incelemiştir.

3. Dokuz Eylül Üniversitesi, İnşaat Mühendisliği bölümünde yapılan lisans düzeyindeki çalışmalardan,

   - Şahingöz (1999), hidrolik enerji tesislerinde, denge bacalarındaki kütle halindeki salınımları, teorik olarak rijit su sütunu yaklaşımı ile sonlu farklar metotlarını kullanarak incelemiştir (değişik denge bacası tipleri için).

   - Durak (1997), hidrolik enerji tesislerinde, denge bacalarındaki kütle halindeki salınımları, teorik olarak rijit su sütunu yaklaşımı ile yaklaşık denklemler ve diyagramlar kullanarak incelemiştir (basit ve boğumlu tip denge bacaları için).

- Kurt (1996), hidrolik enerji tesislerinde, denge bacalarındaki kütle halindeki salınımları, teorik olarak rijit su sütunu yaklaşımı ile sonlu farklar metotlarını kullanarak incelemiştir (boğumlu tip denge bacası için).

- Türkoğlu (1996), hidrolik enerji tesislerinde, denge bacalarındaki kütle halindeki salınımları, teorik olarak rijit su sütunu yaklaşımı ile sonlu farklar yöntemlerinden, basit aritmetik yöntem ile Escande yöntemlerini karşılaştırarak incelemiştir (basit ve boğumlu tip denge bacaları için).

- Özbarlas (1994), hidrolik enerji tesislerinde, denge bacalarındaki kütle halindeki salınımları, teorik olarak rijit su sütunu yaklaşımı ile yaklaşık hesap yöntemlerini kullanarak incelemiştir (basit ve boğumlu tip denge bacaları için).

- Tiryaki (1989), hidrolik enerji tesislerinde, denge bacalarındaki kütle halindeki salınımları, teorik olarak rijit su sütunu yaklaşımı ile sonlu farklar yöntemleri kullanarak incelemiş ve küçük boyutlardaki bir deney düzeği ile deneyler gerçekleştirip sonuçları karşılaştırmıştır. Ancak, gerçek bir sistem için modelleme yapılmamıştır (basit tip denge bacaları için-tedrici kapanma hali).

- Çelik ve Rakanoğlu (1986), hidrolik enerji tesislerinde, denge bacalarındaki kütle halindeki salınımları, teorik olarak rijit sütunu yaklaşımı ile sonlu farklar yöntemleri kullanarak incelemiş ve küçük boyutlardaki bir deney düzeneği ile deneyler gerçekleştirip sonuçları karşılaştırmıştır. Ancak, gerçek bir sistem için modelleme yapılmamıştır (basit tip denge bacaları için-ani açılma hali).

- Demirci ve Aksu (1985), hidrolik enerji tesislerinde, denge bacalarındaki kütle halindeki salınımları, teorik olarak rijit su sütunu yaklaşımı ile sonlu farklar yöntemleri kullanarak incelemiş ve küçük boyutlardaki bir deney düzeneği ile deneyler gerçekleştirip sonuçları karşılaştırmıştır. Ancak, gerçek bir sistem için modelleme yapılmamıştır (basit tip denge bacaları için-ani kapanma hali).

Tüm bu ulaşılabilen çalışmalardan, denge bacası formunun optimizasyonunun yapılmadığı anlaşılmaktadır.

3. HİDROLİK ENERJİ, SU DARBELERİ ve DENGE BACASINDAKİ SALINIMLAR

İnsan yaşamının devamı için olmazsa olmazlardan biri olan enerji kaynakları, Çizelge 3.1'de gösterildiği gibi sınıflandırılır. Bu çalışmada, tükenmeyen enerji kaynaklarından hidrolik enerjinin elde edildiği enerji tesislerinde, su darbelerinin etkisini azaltmaya yönelik kullanılan denge bacaları incelenmiştir.

Çizelge 3.1 Enerji kaynaklarının sınıflandırılması (Özdamar, 2001).

Enerji Kaynakları	
Tükenebilen Enerji Kaynakları	Tükenmeyen Enerji Kaynakları
• Kömür • Petrol • Doğal Gaz • Atom enerjisi	• Hidrolik • Rüzgar • Biyomas • Güneş • Dalga • Jeotermal

3.1 Hidrolik Enerji

Hidrolik enerji, doğada bulunan suyun sahip olduğu enerjilerin dönüşümünden elde edilir. Yani, öncelikle akarsu yataklarında birikerek akan su, belli bir kinetik ve potansiyel enerjiye sahiptir. Daha sonrasında, bu kinetik ve potansiyel enerji, uygun yataklarda suyun toplanması ile tamamen potansiyel enerjiye çevrilir. Burada hazır olarak bekleyen enerji, ihtiyaç anında belirli bir düşü ve debi sağlanarak, su türbinlerinde elektrik enerjisine dönüştürülür ve gereksinim bölgelerine uzun elektrik hatları ile aktarılır (Şen, 2003).

3.2 Su Darbeleri

Denge bacalarındaki salınımlara neden olan su darbeleri, akış hatlarında, herhangi bir dış etki ile meydana gelen basınç değişimleri olarak basitçe tanımlanabilir (Gürtay, 1985).

Akışkan olarak su, genelde teorik olarak sıkıştırılamaz olarak tanımlansa da, her akışkan gibi su da basınç altında sıkışır. Hidrolik tesislerde su, enerji eldesi esnasında düşü ile birlikte basınçlanmaktadır. Suyun sıkıştırılabilme özelliğinden dolayı, basınçlanan su sıkışır, üzerinden basınç kalkan su ise genleşir. Türbindeki enerji eldesindeki değişimler ile, sistemin sınır koşulları değiştirilmiş olur. Sınır koşulları değişen su, sınır koşullarının etkisi altında yansıyan dalga hareketlerinin (ses hızıyla yayılan) etkisi altına girer. Bunun sonucunda, geçiş akımları olarak kararsız akımlar oluşur. Bu kararsız akım sonucunda, iletim hatları boyunca, zaman zaman basınç artışları yada basınç düşüşleri meydana gelmektedir. Bunun sonucunda ise, basınç artışları ile iletim hatlarında patlamalar yada basınç düşüşleri ile kavitasyonlar meydana gelerek sistemler hasara uğramaktadır (Gülhan,1984).

Eğer sistem hasara uğramazsa ve sürtünmeler ihmal edilirse, bu kararsız akım, ses hızıyla yayılan dalgalar olarak hareketini korur. Ancak, sürtünmelerin etkisiyle, bu basınç dalgaları zamanla sönümlenmekte ve bir süre sonra durağan hale gelmektedir (Gürtay, 1985; Dikkaya, 1997).

Genel olarak, basınç dalgaları bütün iletim hatlarını etkilemektedir. Hidrolik enerji tesislerinde ise su darbeleri, yükün kalkması veya değişmesi sonucunda, türbinin devir sayısındaki değişim ile oluşmaktadır. Bu darbeler ise, dağıtıcı kanatları harekete geçiren regülatörlerin karakteristikleri ile etkilenmektedir. Buradaki su darbelerinin etkisinin azaltılması ise, regülatör karakteristiklerinin düzeltilmesi ve denge bacaları ile sağlanmaktadır (Gülhan, 1984).

3.2.1. Su darbelerinin genel teorisi

Su darbelerinin temeline geçmeden önce, akım çeşitlerini tanımak yerinde olacaktır. Akım çeşitleri, aşağıda sınıflandırılmıştır (Yüksel, 2000):

a) Kararlı akım: Akışkana ve akışkanın akımına ait karakteristiklerin zamanla değişmediği akım tipidir.

b) Kararsız akım: Akışkana ve akışkanın akımına ait karakteristiklerin zamanla değiştiği akım tipidir.

c) Geçiş (transient) akım: Herhangi bir etki ile ani debi değişmesi sonucu, akışın bir kararlı akım halinden, diğer bir kararlı akım haline geçerken, bu sırada çok kısa bir zaman aralığında oluşan kararsız akım rejimidir. Su darbelerinin oluşmasına neden olan akım, bu türdür. Bu akımın oluşmasının nedenlerinden bazıları; vanaların aniden kapanması veya açılması, türbin yükündeki değişimler, boru hatlarında pompaların aniden durması veya çalışması v.s. olarak gösterilebilir.

Sistemde meydana gelecek debi değişimlerinin sonucu, borudaki akımın, kararlılığı bozularak kararsız hale geçer. Bu hızlı bir şekilde zamanla değişen kararsız durum; boru boyunca yükselen ve alçalan basınç salınımları şeklinde basınç dalgalarının yayılmasından ibarettir. Bu basınç değişimi, su hızının değiştiği yerde doğar ve ses hızında yayılarak, sürtünmelerin etkisiyle sönümleninceye kadar devam eder. Bu kararlı akımın, hidrolik yüküne ilaveten doğan dinamik yük, su darbesidir (Yüksel, 2000).

3.2.2 Hidrolik enerji tesislerinde denge bacalarında salınımlar

Şekil 3.1'de görülen tipik bir hidrolik güç santrali, kararlı güç şartlarında çalışması durumunda, türbin gücünde değişim istenirse, bunun için türbin girişindeki ayar kapakları kapanacaktır (ya da güç değişmesi ile kısmi olarak türbin yükü azaltılacaktır.). Bu nedenle, sistemde, basınç değişimleri meydana gelecektir. Bu olay, denge bacasına sahip sistemlerde, türbin girişindeki kapaklarla denge bacası arasındaki boru hatlarında oluşacaktır. Basınçtaki büyük değişimler, denge bacasında sönümlendiklerinden dolayı, hazne ile denge bacası arası hatlar yüksek basınçtan etkilenmezler (Yüksel, 2000). Ancak, denge bacası ile hazne arasında oluşacak seviye farkı değişimleri nedeniyle, cebri borudaki kadar olmasa da tünelde de yük değişimleri oluşmaktadır.

Hazne ile denge bacası arasındaki suyun ataleti nedeniyle, denge bacasına doğru su akmaya devam eder ve bacadaki yük ile yaratılacak basınçla, denge bacasının girişinde basınç dengelenecek ve akış duracaktır. Bu esnada, bacadaki seviye, haznedekinden yüksek olacaktır ve akış geriye dönecektir. İki sistem arasında uzun periyodlu salınımlar oluşacaktır. Salınımlar, sistemde kayıplar olduğundan zamanla sönümlenir (Yüksel, 2000).

Ayrıca, denge bacasının yeri, salınımların süresini belirlemekle, ilave dinamik yükü de tayin etmektedir (Edis, 1972).

Burada sistemin boyutlarını belirleyen temel unsur, su darbeleri ile oluşan dinamik yüklerdir.

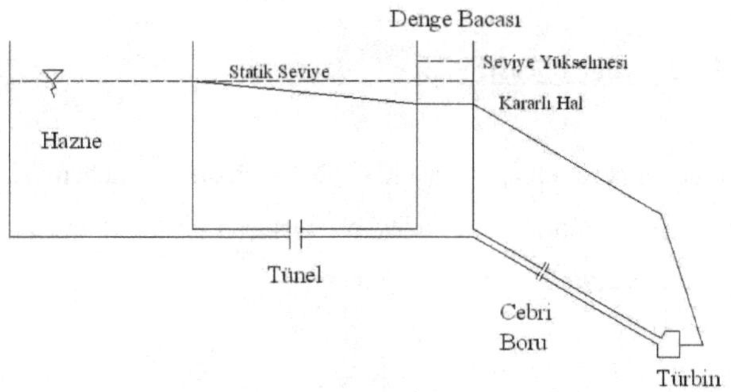

Şekil 3.1 Hidrolik enerji tesisinin şematik gösterimi.

3.2.2.1 Sistem elemanlarının tanıtılması

Şekil 3.1'de verilen ana sistem elemanları, aşağıda açıklanmıştır.

3.2.2.1.1 Hazne-memba

Hidrolik enerji tesislerinin temel hammaddesi olan suyun, türbinlerde enerji eldesinde kullanılmadan önce depolandığı bölge olarak tanımlanır.

3.2.2.1.2 Tünel

Türbinlere suyun aktarılmasını sağlayan, cebri borudan önce yer alan ve çok küçük bir eğimle yerleştirilen boru elemanıdır.

3.2.2.1.3 Denge bacası

Sistemde enerji eldesi sırasında, yük değişimleri nedeniyle oluşan sistem debi gereksinimlerini karşılayan ve oluşan basınç dalgalanmalarını sönümlemek amacıyla kullanılan yapıdır.

3.2.2.1.4 Cebri boru

Tünel ile su türbini arasında yer alan eğimli boru elemanıdır.

3.2.2.1.5 <u>Su türbini</u>

Su türbini, cebri boru ile gelen suyun enerjisini milinde dönme kinetik enerjisine dönüştüren bir makinadır.

3.2.3 Denge bacası formları

Denge bacalarında kullanılan genel formlar, Şekil 3.2'de verilmiştir.

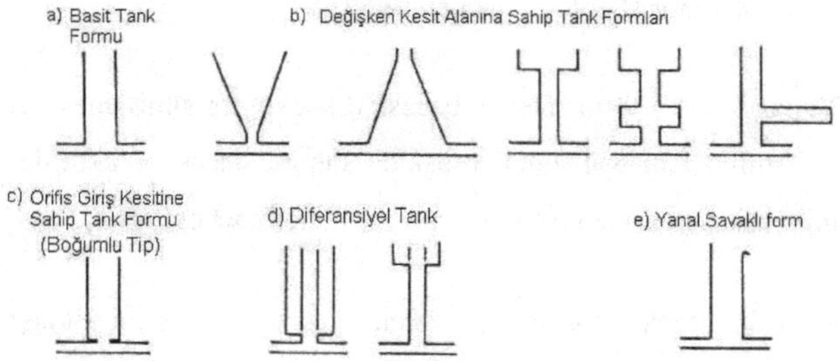

Şekil 3.2 Kullanılan değişik denge bacası formları (Picford,1969).

a) Basit tank formu: Bu formda, tank formu sabit kesite sahip silindirik yapıya sahiptir (Picford,1969).

b) Değişken kesit alanına sahip tank formu: Bu tarzda, tanklar çeşitli değişken kesitlere sahiptirler. Bu formlar, ek kapasite gereksinimlerini kolaylıkla karşılarlar ve sistem gereksinimlerine göre tasarlanırlar (Picford,1969).

c) Giriş kesitinde orifise sahip tank formu (boğumlu): Bu form, denge bacasındaki salınımların kısa sürede sönümlenmesini sağlamaktadır. Bu formun dezavantajı, ani kapasite artırımında türbin gereksinimi olan suyun karşılanamaması nedeniyle akış hattına hava girmesi ile kavitasyona neden olabilmesidir (Picford,1969).

d) Diferansiyel tank: Bu tank modelinde iç içe iki silindirik eleman mevcuttur. İçteki silindir ile dıştaki silindir en üsten ve yanal deliklerden bağlanmaktadır. Böylelikle, sistem isteklerine süratle cevap sağlanır (Schleiermacher, 1967).

e) Yanal Savaklı form: Denge bacası yüksekliğini sınırlamak gayesiyle kullanılır. Ani kapanma sırasında denge bacasına aktarılan fazla miktarda su tesisten uzaklaştırılır (Schleiermacher, 1967).

Yukarıda tank formları, sistem gereksinimlerini karşılamak, sistemdeki basınç-yük salınımlarını sönümlemek ve mümkün olan en ekonomik çözüm için uygulanmışlardır.

Bu çalışma da, sistem yüküne göre, en uygun kesit formunun elde edilişi üzerine çalışılmıştır.

3.2.4 Geliştirilmiş su darbesi ve denge bacası salınımları için analiz yöntemleri

Denklemler genel olarak analitik ve nümerik olarak iki kapsamda incelenir. Bunlar,

3.2.4.1 Analitik yöntemler

Analitik kapsamda, elde edilen denklemler lineer olmayan diferansiyel denklemler olduğundan, ancak, bazı kabuller altında çözümlenebilirler. Aşağıda verilen analitik yöntemlerde de, bazı kabuller yapılarak çözümlemeler gerçekleştirilmiştir.

a) **Diferansiyel denklemlerin direkt çözümü:** Bu yöntem, rijit su sütunu yaklaşımı ile elde edilen diferansiyel denklemlerin, bazı kabuller altında direkt olarak çözümlenmesi ile gerçekleştirilir. Ancak, sağlıklı sonuçlar elde edilemez.

b) **Aritmetik yöntem-Allievi yöntemi:** Bu yöntemde, genellikle sürtünmeler ihmal edilir. Allievi, yazılan süreklilik ve dinamik denklemlerde lineer olmayan kısımları ihmal ederek, diferansiyel denklemlerin çözümünde Von Riemann denklemlerini kullanarak, kendi adıyla anılan yöntemi elde etmiştir. Burada, Allievi, boruyu yatay kabul ederek, akışkanı ideal akışkan olarak düşünerek sonuca varmıştır. Ayrıca, yere bağlı değişkenleri, zamana bağlı değişkenler yanında ihmal etmiştir. Bu yaklaşım, basit sistemlerde önemli hatalara neden olmadığı halde, karmaşık sistemlerde önemli hatalara yol açmaktadır (Gülhan, 1984; Yüksel, 2000; Fox, 1989).

c) **Grafik yöntemi-Schnyder-Bergeron metodu:** Bu yöntemde, Allievi yönteminde olduğu gibi, Von Riemann denklemleri üzerine kuruludur. Ancak, Allievi'den farklı olarak sürtünme etkisi de dikkate alınır ve ayrıca değişken çaplı boruların kullanılması da hesaba katılabilir. Yöntemde, çeşitli zamanlarda, çeşitli noktalarda ses hızıyla ilerleyen gözlemciler çıkartılarak, bunların boru içerisinde mekik dokumaları sonucu, diğer noktaların farklı zamanlarda basınç ve debileri belirlenebilmektedir. Çizimlerin bilgisayar ortamlarında yapılabilmesi, çizim zorluklarının aşılmasını sağlamıştır. Sistemdeki hızların, zaman ve konuma bağlı olarak değişmesi, kapama organına ait karakteristiklerinin eğimlerinin her noktada farklı olmasına neden olmaktadır. Bu önemli davranışın hesaba katılamaması yöntemin dezavantajı olup, uygulanma alanını kısıtlamıştır (Yüksel, 2000; Schleiermacher, 1967; Gülhan, 1984; Fox, 1989).

d) **Cebirsel yöntem:** Bu yöntem, Allievi ile Von Riemann eşitlikleri temeline dayanmaktadır. Bu yöntemde, iki tane lineer olmayan cebirsel denklem kullanılır. Sürtünmeler dikkate alınır. Yöntem, yeterince sağlıklı sonuçlar vermemektedir (Yüksel, 2000).

3.2.4.2 Nümerik yöntemler

Yukarıda bahsedildiği üzere, elde edilen diferansiyel denklemler, bazı kabullerle aşağıda verilen nümerik yöntemlerle çözümlenebilir.

a) **Karakteristikler yöntemi:** Bu yöntemde, sürtünmeler dikkate alınarak elde edilen iki kısmi diferansiyel denklem yerine, iki çift adi diferansiyel denklem takımı çözüm için kullanılır. Sonrasında elde edilen denklemler sonlu farklar formunda yazılarak, çözüm gerçekleştirilir. En sağlıklı çözüm metodudur (Yüksel, 2000). Bu yöntemin, basit sabit grid sistemi (zaman interpolasyonlu), sabit grid sistemi (aralık interpolasyonlu) ve değişken grid sistemi (zaman ve aralık interpolasyonlu) yaklaşımları mevcuttur (Selek vd., 2004). Bu çalışma kapsamında, elastik su sütunu yaklaşımında basit sabit grid sistemi kullanılarak sonuçlar elde edilmiştir.

b) Sonlu farklar yöntemi: Karakteristikler yönteminde de kullanılan sonlu farklar yöntemi, özellikle rijit su sütunu yaklaşımı ile elde edilen denklemlerin çözümünde kullanılan yöntemdir. Bu yöntemde, eşitlikler sonlu farklar formunda yazılarak çözüme gidilir. Bu yöntemin, basit aritmetik yöntem, Pressel metodu(ardışık denemeler yaklaşımı), Jakopsen metodu ve Escande yöntemi gibi yaklaşımları mevcuttur (Picford,1969). Bu çalışma kapsamında, rijit su sütunu yaklaşımı ile yapılan hesaplarda ΔV'ler yöntemi kullanılmıştır.

4. DİFERANSİYEL DENKLEMLER

Denge bacasındaki kütlesel salınımlar, genel olarak iki ayrı yaklaşım kapsamında incelenmektedir. Bunlar;

a) Rijit su sütunu yaklaşımı ve

b) Elastik su sütunu yaklaşımıdır.

4.1 Rijit Su Sütunu Yaklaşımı

Boru hatlarında, akışkanın sıkışabilirlik etkilerinin ihmal edildiği karasız akıma, rijit su salınımı denir. Bu teoride, aşağıdaki kabuller yapılmıştır (Yüksel, 2000):

1- Borudaki su sıkıştırılamaz.
2- Borunun cidarı boru içindeki akıştan etkilenemez.
3- Boru hattı sürekli tam olarak doludur ve borunun içindeki basınç, suyun buharlaşma basıncından fazladır.
4- Haznedeki hız yükü ve bazı yersel kayıplar basınç değişimleri ile karşılaştırıldığında ihmal edilebilir (T bağlantısı gibi).
5- Boru hattı boyunca borunun herhangi bir kesitinde hız üniformdur.
6- Borunun enine kesitinde basınç üniformdur ve boru eksenindeki basınca eşittir.
7- Haznedeki su seviyesi vananın açılıp kapanmasından etkilenmez.

Bu kabuller ışığında aşağıda dinamik ve süreklilik denklemleri yazılmıştır.

4.1.1 Dinamik denklem

Aşağıda verilen şekilde, birim elemanda Newton'un ikinci yasasından hareketle dinamik denklem elde edilir (Ünsal, 1978; Türkoğlu, 1996; Durak, 1997).

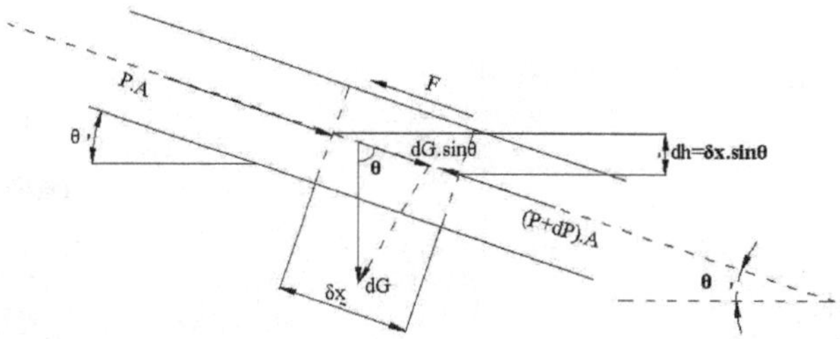

Şekil 4.1 Rijit su sütununa göre birim elemanda kuvvetler dengesi (Ünsal, 1978; Durak, 1997).

Kuvvetler dengesinden;

$$\underbrace{P.A-(P+dP).A}_{Basinç\_Kuvvetleri}+\underbrace{dG.\sin\theta}_{Agirlik\_Kuvvetleri}-\underbrace{F}_{Sürtünme\_Kuvvetleri}=\underbrace{\rho.A.\delta x.\frac{dV}{dt}}_{m.a} \tag{4.1}$$

ifadesi ile

$$-dP.A+\gamma.A.dh-\gamma.A.\delta x.J=\rho.A.\delta x.\frac{dV}{dt} \tag{4.2}$$

denklemi elde edilir. İfade, sadeleştirmeler ile,

$$dh - \frac{dP}{\gamma} - \delta x.J = \frac{\delta x}{g}.\frac{dV}{t} \tag{4.3}$$

olarak bulunur. Burada, J metredeki yük kaybı olup, Stricker bağıntısında (Taner, 1966),

$$J = \frac{V^2}{k^2.R^{4/3}} \tag{4.4}$$

olarak tanımlıdır.

$$FR = \frac{L}{k^2.R^{4/3}} \tag{4.5}$$

tanımı yapılarak,

$$J = \frac{FR.V^2}{L} \tag{4.6}$$

olarak elde edilir.

(4.6) ifadesi, (4.3)'de yerine yazılarak, aşağıdaki integrasyon ifadesi elde edilir:

$$\int_{hg}^{hç} dh - \frac{1}{\gamma}.\int_{\gamma.hg}^{\gamma(hç+z)} dP \pm \frac{FR.V^2}{L}\int_0^L \delta x = \frac{1}{g}.\frac{dV}{dt}\int_0^L \delta x \tag{4.7}$$

(4.7) ifadesi integre edilerek,

$$\underbrace{\frac{L}{g}\frac{dV}{dt}}_{Ek\_Basinç\_Yükü} + \underbrace{z}_{Durum\_Yükü} \pm \underbrace{FR.V.|V|}_{Yük\_Kayiplari} = 0 \tag{4.8}$$

elde edilir. Su darbesinin diferansiyel denklemi, rijit su sütunu yaklaşımı ile, en genel hali ile elde edilmiş olur. Burada,

L : tünel boru uzunluğunu (m),

z : piezometrik kottan sapmayı (m),

FR : bileşke yük kaybını,

V : tüneldeki hız ifadesini (m/s),

g : yerçekimi ivmesini (m/s^2),

P : birim kontrol hacmi giriş basıncını (N/m^2),

γ : $\rho.g$ olarak birim kontrol hacmindeki suyun ağırlığını ($kg/(m^2.s^2)$),

$h\c{c}$: tünel çıkış noktasındaki su sütunu yükünü (m),

hg : tünel giriş noktasındaki su sütunu yükünü (m),

ifade etmektedir.

Burada, normalde yük kayıpları ifadesinin önünde bulunan ± ifadesi, sürtünme nedeniyle oluşan kuvvetlerin harekete ters yönde olduğunun göstergesidir. Hesaplamalarda, V değerinin (-) değeri için, FR ön işareti (-) işaret alır (Yüksel, 2000). Burada, denklemde FR değeri, (4.1) eşitliğinden hareketle, işlemler esnasında eşitliğin sağ tarafına geçtiği için işaret değiştirmektedir. Bu nedenle, hareket yönünde gözüküyor gibi işlemlere katılır.

Basınç yükü; diğer bir yaklaşımla (Özgür, 1980), tünel içindeki akışkan için impuls momentum teoreminden elde edilir. m sıvı kütlesine, ΔV hızı değişimini Δt zamanında verebilen F kuvveti,

$$F.\Delta t = m.\Delta V \quad (4.9)$$

şeklinde hesaplanabilir.

Normal yüke ilaveten oluşan fazla basınç ΔP,

$\Delta P = \frac{F}{A}$'dan F ifadesi çekilerek,

$$F = \Delta P.A \qquad (4.10)$$

olarak elde edilir. L tünel boru boyu olmak üzere, sıvı kütlesi,

$$m = \rho.V = \rho.A.L \qquad (4.11)$$

ifadesi ile elde edilir.

(4.9) denkleminde, (4.10) ve (4.11) nolu ifadeler yerlerine yazılarak,

$$\Delta P = \rho.L.\frac{\Delta V}{\Delta t} \qquad (4.12)$$

elde edilir.

Sıvı sütunu $h = \frac{\Delta P}{\gamma}$ olarak tanımlanır ve (4.12) eşitliğinden, yerine yazılarak, ilave basınç yükü,

$$h = \frac{L}{g}.\frac{\Delta V}{\Delta t} \qquad (4.13)$$

olarak elde edilir.

Yük Kayıpları; tünel ve denge bacası kayıpları olarak iki bileşenden oluşur (Yüksel, 2000). Burada, cebri boru, rijit su sütununa göre ifadelere katılmamaktadır. Bu nedenle,

$$FR = F_s.V_s.|V_s| + F_t.V_t.|V_t| \tag{4.14}$$

olarak yazılır. Burada,

F_s : denge bacasındaki sürtünme kayıp faktörü,

V_s : denge bacasındaki akışkan hızı (m/s),

F_t : tünelde sürtünme kayıp faktörü,

V_t : tüneldeki akışkan hızı (m/s) ifadesidir.

Dinamik denklem en genel halde ise (4.8) ifadesine benzer olarak (Yüksel, 2000),

$(Basinc\_Yükü) + (Durum\_Yükü) + (Yük\_Kayiplari) = (Hiz\_Yükü) = 0$ ifadesi ile,

$$\frac{L}{g}\frac{dV}{dt} + z + F_s.V_s.|V_s| + F_t.V_t.|V_t| = 0$$

olarak tanımlanır.

Bernoulli Teorimi ile; diğer bir yaklaşımla, kararsız akım için, aşağıda Şekil 4.2'de verildiği gibi, hazne su kotu (1) ile denge bacası su kotu (2) arasında bernoulli denklemi yazılırsa (Özgür, 1972),

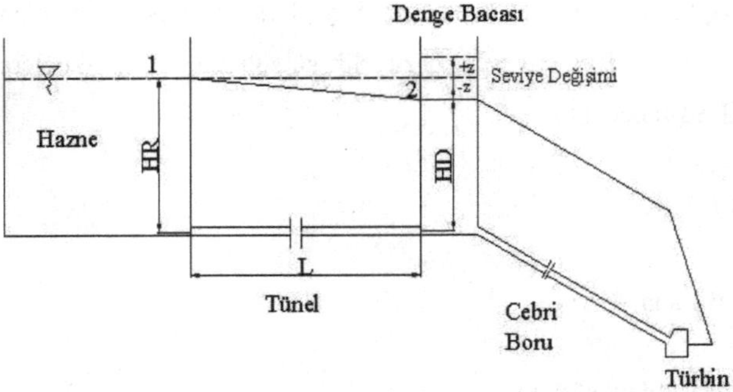

Şekil 4.2 Bernoulli teorimi için parametrelerin gösterimi.

$$\frac{P_1}{\gamma}+\frac{V_1^2}{2.g}+z_1=\frac{P_2}{\gamma}+\frac{V_{2,s}^2}{2.g}+z_2+\frac{HR}{g}.\frac{dV_h}{dt}+\frac{L}{g}.\frac{dV_t}{dt}+$$

$$\frac{HD}{g}.\frac{dV_{2,s}}{dt}+Kayiplar \qquad (4.15)$$ ifadesi elde edilir. Burada,

$\frac{P_1}{\gamma}=0$, atmosfere açık olması nedeniyle,

$\frac{P_2}{\gamma}=0$, atmosfere açık olması nedeniyle,

$\frac{HR}{g}.\frac{dV_h}{dt}=0$, haznedeki hız değişimlerinin çok küçük olması nedeniyle,

$\frac{HD}{g}.\frac{dV_s}{dt}=0$, bacadaki hız değişimlerinin çok küçük olması nedeniyle,

$\frac{V_1^2}{2.g}=0$, hız yükü terimi ihmal edilerek,

Kayıplar ise,

$$Kayiplar = Hazne\_Kayiplari + Tünel\_Kayiplari + Denge\_Bacasi\_Kayiplari$$

olarak tanımlanır ve bu kayıplar aşağıdaki belirtilmiştir.

- Hazne kayıpları için, haznedeki seviye değişimi çok düşük olduğu için, hazne yüzey kayıpları ihmal edilir ve sadece hazne çıkış kaybı alınır.
- Tünel kayıpları için, burada sadece boru kayıpları alınır. Ek bir kayıp elemanı sistemde mevcut olursa, o da hesaba katılır.
- Denge bacası kayıpları için, denge bacası giriş kayıpları, denge bacası içerisindeki genişleme ve daralma kayıpları ve denge bacası yüzey kayıpları hesaba katılır.

Bu ifadelerle denklem genel hali ile,

$$\frac{L}{g}.\frac{dV_t}{dt} + \frac{V_{2,s}^2}{2.g} + \underbrace{(HD - HR)}_{\mp z} + (Hazne\_Cikis + Tünel + Denge\_Bacasi)_{Kayiplari} = 0 \qquad (4.16)$$

olarak elde edilir.

Bu Bernoulli teorimi ile denge bacasındaki giriş kayıpları dışındaki denge bacası içindeki kayıplarında hesaba katılması gerektiği ortaya çıkmaktadır. Bu çalışma kapsamında, (4.16) ifadesi kullanılmıştır.

4.1.2 Süreklilik denklemi

Genel ifade ile,

$$(Tünel\_Debisi) - (Denge\_Bacası\_Debisi) - (Cebri\_Boru\_Debisi) = 0$$

eşitliği süreklilik için gereklidir. Bu ifade düzenlenecek olursa,

$$V_s = \frac{dz}{dt} \quad (4.17)$$

olmak üzere,

$$V_t.A_t = A_s.\frac{dz}{dt} + Q \quad (4.18)$$

eşitliği elde edilir (Yüksel, 2000). Burada,

A_t : tünel boru alanı (m^2),

A_s : denge bacası alanı (m^2),

Q : cebri boru debisi (m^3/s), olarak tanımlanmaktadır.

Eğer, ani kapanma durumu mevcut ise, $Q = 0$ olacağından,

$$V_s = A_t.\frac{V_t}{A_s} \quad (4.19)$$

olarak elde edilir.

Yukarıda gerçekleştirilen işlemler sonucunda, tesis için gerekli olan temel denklemler elde edilmiş olur. Bundan sonraki aşama ise, bu denklemlerin çözümlenmesidir.

4.2 Elastik Su Sütunu Yaklaşımı

Bu yaklaşım kapsamında, akışkanın sıkışabilirlik etkileri ile boru elastikiyeti ihmal edilmez (Yükel, 2000). Bu koşullar göz önüne alınarak aşağıda, akışkana ait dinamik ve süreklilik denklemleri çıkartılmıştır.

4.2.1 Dinamik denklem

Bir δx elemanına eksenel doğrultuda Newton'un ikinci yasası uygulanarak, aşağıda verilen kabullerle denklemler elde edilmiştir (Streeter, 1966).

1- Poisson oranının etkisi dikkate alınmamıştır.
2- Boru hattı bağlantıları ile ilgili terimler dikkate alınmamıştır.
3- Sürtünmeler hızın karesi ile orantılı olarak hesaba katılmıştır.

Bu kabuller altında, aşağıda hesaplar gerçekleştirilmiştir (Streeter, 1966):

Newton'un ikinci yasasından, Şekil 4.3'de kuvvetler dengesi yazılarak,

$$(Eksenel\_Kuvvetler) + (Yanal\_Kuvvetler) + (Agirlik\_Kuvveti) -$$

$$(Sürtünme\_Kuvvetleri) = (Akiskanin\_Sahip\_Oldugu\_Atalet)$$

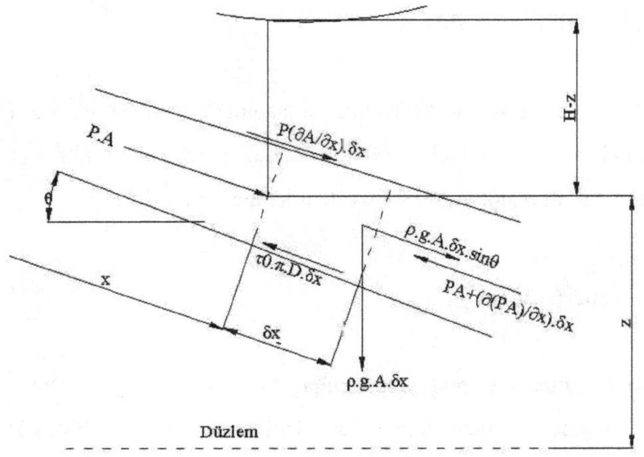

Şekil 4.3 Birim akım elemanında kuvvetler dengesi (Streeter, 1966).

ifadesi elde edilir. Bu ifade,

$$\underbrace{P.A-\left(P.A+\frac{\partial}{\partial x}(P.A).\delta x\right)}_{Eksenel\_Kuvvetler}+\underbrace{P.\frac{\partial A}{\partial x}\delta x}_{Yanal\_Kuvvetler}+\underbrace{\rho.g.\underbrace{A.\delta x}_{Hacim}.\sin\theta}_{m.g.\sin\theta}-\tau_0.\underbrace{\pi.D.\delta x}_{Çevre\_Alanı}=$$

$$\underbrace{\rho.\underbrace{A.\delta x}_{Hacim}}_{m}.\underbrace{\frac{dV}{dt}}_{a} \tag{4.20}$$

şeklinde açılarak, yazılır. Burada,

$$\frac{\partial}{\partial x}(P.A).\delta x=\frac{\partial P}{\partial x}.A.\delta x+P.\frac{\partial A}{\partial x}.\delta x \tag{4.21}$$

türev ifadesinin açılımı ile, tüm eşitlikler basitlik için $\rho.A.\delta x$ terimi ile bölünürse, (4.20) ifadesi,

$$-\frac{1}{\rho}.\frac{\partial P}{\partial x}+g.\sin\theta-\frac{4.\tau_0}{\rho.D}=\frac{dV}{dt} \tag{4.22}$$

halini alır. Burada, basınç ifadesi,

$$P=\rho.g.(H-z) \tag{4.23}$$

olarak tanımlı olduğundan,

$$\frac{\partial P}{\partial x}\cong\rho.g.\left(\frac{\partial H}{\partial x}-\frac{\partial z}{\partial x}\right) \tag{4.24}$$

ifadesi elde edilir.

Ayrıca, geometriden, $\frac{\partial z}{\partial x}=-\sin\theta$ olarak elde edilir. Dolayısı ile,

$$-\frac{1}{\rho}\frac{\partial P}{\partial x}=-g.\frac{\partial H}{\partial x}-g.\sin\theta \tag{4.25}$$

ifadesi elde edilir. Sonuçta, (4.25) ifadesi,

$$g.\frac{\partial H}{\partial x}+\frac{4.\tau_0}{\rho.D}+\frac{dV}{dt}=0 \tag{4.26}$$

şeklini alır.

Sürekli akıştaki yük kaybı denklemi (Gürtay, 1985),

$$\frac{\Delta P}{\rho}=\frac{f.L.V^2}{2.D} \qquad (4.27)$$

olarak tanımlıdır ve boru içindeki sürekli akışın kuvvet dengesinden,

$$\Delta P.\frac{\pi.D^2}{4}=\tau_0.\pi.D.L \qquad (4.28)$$

ifadesi elde edilir. (4.27) ifadesi, (4.28) ifadesinde yerine yazılarak,

$$\tau_0=\frac{\rho.f.V^2}{8} \qquad (4.29)$$

ifadesi elde edilir. Burada, kararlı ve kararsız akım için aynı sürtünme katsayısı kabul edilmiştir (Streeter, 1966). (4.29) ifadesi, (4.26)'da yerine yazılarak,

$$g.\frac{\partial H}{\partial x}+\frac{dV}{dt}+\frac{f.V^2}{2.D}=0 \qquad (4.30)$$

ifadesi elde edilir. $\frac{dV}{dt}$ ifadesi yerine ise,

$$\frac{dV}{dt}=V\frac{\partial V}{\partial x}+\frac{\partial V}{\partial t} \qquad (4.31)$$

eşitliği yazılırsa,

$$g.\frac{\partial H}{\partial x}+V\frac{\partial V}{\partial x}+\frac{\partial V}{\partial t}+\frac{f.V.|V|}{2.D}=0 \qquad (4.32)$$

olarak, denklemin en genel hali elde edilir. Burada, doğru işaretin elde edilmesi için, V^2 ifadesi $V|V|$ olarak yazılmıştır. İfade g ile bölünürse,

$$\frac{\partial H}{\partial x}+\frac{V}{g}.\frac{\partial V}{\partial x}+\frac{1}{g}\frac{\partial V}{\partial t}+\frac{f.V.|V|}{2.g.D}=0 \qquad (4.33)$$

olarak elde edilir. Buradaki çap, hidrolik çap olarak alınırsa ve hidrolik çap $R=\frac{D}{4}$ olarak tanımlandığından (Sümer vd, 1983) ve ifade (4.33)'de yerine yazılırsa, ifadenin genel denklemi,

$$\frac{\partial H}{\partial x}+\frac{V}{g}.\frac{\partial V}{\partial x}+\frac{1}{g}\frac{\partial V}{\partial t}+\frac{f.V.|V|}{(4R).(2g)}=0 \qquad (4.34)$$

halini alır. Ancak, bu çalışma kapsamında, (4.33) ifadesi kullanılmıştır.

4.2.2 Süreklilik denklemi

Kütlenin korunumu prensibinden, kontrol hacminde akışkan kütlesindeki Δt zamanındaki değişim (Streeter, 1966),

$$\underbrace{\rho.A.V.\delta t}_{Giren\_Akiskan}-\underbrace{\left(\rho.A.V+\frac{\partial(\rho.A.V)}{\partial x}.\delta x\right).\delta t}_{Çikan\_Akiskan}=\underbrace{\frac{\partial}{\partial t}(\rho.A.\delta x).\delta t}_{Depolanan\_Akiskan} \qquad (4.35)$$

olarak yazılır.

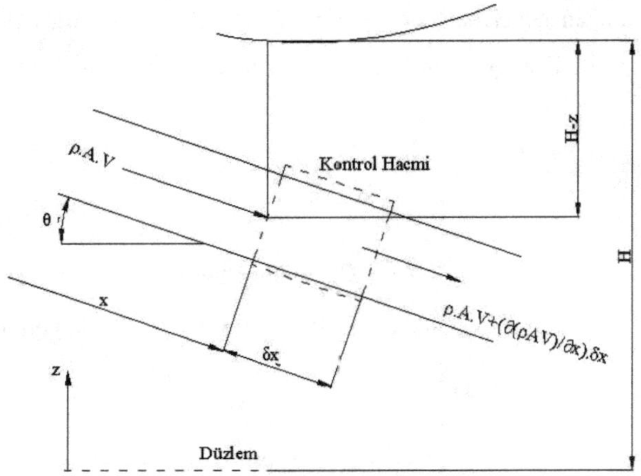

Şekil 4.4 Birim kontrol hacminde süreklilik dengesi (Streeter, 1966).

δt ifadesinin sadeleştirilmesinden sonra,

$$-\frac{\partial}{\partial x}(\rho.A.V).\delta x=\frac{\partial}{\partial t}(\rho.A.\delta x) \qquad (4.36)$$

ifadesi elde edilir. Burada, δx'ler zamana bağlı olmadığından,

(4.35) ifadesi,

$-\frac{\partial}{\partial x}(\rho.A.V)=\frac{\partial}{\partial t}(\rho.A)$ halini alır. Her iki taraf, $(\rho.A)$ terimine bölünürse,

$$-\frac{1}{\rho.A}.\frac{\partial}{\partial x}(\rho.A.V)=\frac{1}{\rho.A}.\frac{\partial}{\partial t}(\rho.A) \qquad (4.37)$$

ifadesi elde edilir. Denklemdeki açınımlar gerçekleştirilirse,

$$\frac{1}{\rho.A}.A.V.\frac{\partial \rho}{\partial x}+\frac{1}{\rho.A}.\rho.A.\frac{\partial V}{\partial x}+\frac{1}{\rho.A}.\rho.V.\frac{\partial A}{\partial x}+\frac{1}{\rho.A}.\rho.\frac{\partial A}{\partial t}+$$

$$\frac{1}{\rho.A}.A.\frac{\partial \rho}{\partial t}=0 \qquad (4.38)$$

eşitliği elde edilir.

$V=\frac{dx}{dt}$ eşitliği yerine yazılırsa,

$$\frac{1}{\rho}.\left(\frac{\partial \rho}{\partial x}.\frac{dx}{dt}+\frac{\partial \rho}{\partial t}\right)+\frac{1}{A}.\left(\frac{\partial A}{\partial x}.\frac{dx}{dt}+\frac{\partial A}{\partial t}\right)+\frac{\partial V}{\partial x}=0 \qquad (4.39)$$

eşitliği elde edilir ve sonuçta,

$$\frac{1}{A}.\frac{dA}{dt}+\frac{1}{\rho}.\frac{d\rho}{dt}+\frac{\partial V}{\partial x}=0 \qquad (4.40)$$

elde edilir. Burada,

$\frac{1}{A}.\frac{dA}{dt}$ ifadesi borunun elastisitesi ile ilgili,

$\frac{1}{\rho}.\frac{d\rho}{dt}$ ifadesi ise akışkanın sıkışabilirliği ile ilgili ifadelerdir.

Borunun elastisitesi ise aşağıdaki şekilde dikkate alınır:

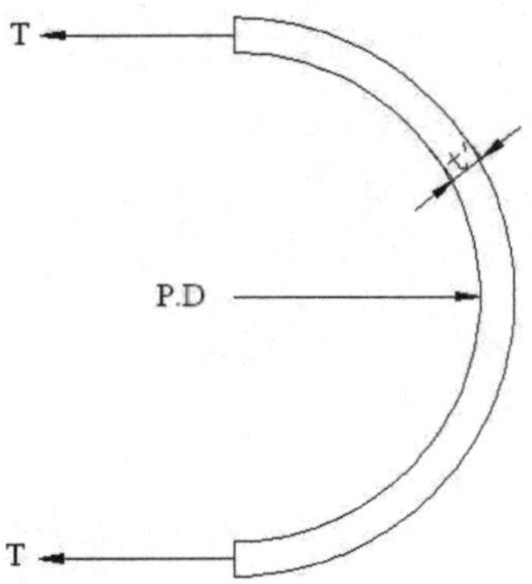

Şekil 4.5 Boru çeperlerinde çekme kuvvetleri (Streeter, 1966).

Çeper elastikiyetinden, birim uzunluktaki çekme kuvvetindeki değişim miktarı;

$$\frac{D}{2}\frac{dP}{dt} \tag{4.41}$$

olarak elde edilir. Gerilmede değişim miktarı;

$$\frac{D}{2.t'}\frac{dP}{dt} \tag{4.42}$$

ifade edilir ve ifade Young's modülüne bölündüğünde, birim gerilmedeki artış miktarı;

$$\frac{D}{2.t'.E}\frac{dP}{dt} \tag{4.43}$$

olarak elde edilir. Alandaki artış miktarı ise,

$$\frac{dA}{dt}=\underbrace{\frac{D}{2.t'.E}.\frac{dP}{dt}.\frac{D}{2}}_{Radyal\_Genisleme}.\underbrace{\pi.D}_{Çevre} \tag{4.44}$$

ifadeleri ile tanımlıdır.

Sonuçta;

$$\frac{1}{A}.\frac{dA}{dt}=\frac{D}{t'.E}.\frac{dP}{dt} \tag{4.45}$$

eşitliği elde edilir.

Akışkanın sıkışabilirlik modülü tanımından;

$$K=-\frac{dP}{d\forall/\forall}=\frac{dP}{d\rho/\rho} \tag{4.46}$$

elde edilir. Burada,

$$\frac{d\forall}{\forall}=-\frac{d\rho}{\rho} \tag{4.47}$$

ile tanımlıdır. Buradan,

$$\frac{1}{K}.\frac{dP}{dt}=\frac{1}{\rho}.\frac{d\rho}{dt} \tag{4.48}$$

ifadesi elde edilir. (4.40) ifadesinde, (4.45) ve (4.48) yerine yazılırsa,

$$\frac{D}{t'.E}.\frac{dP}{dt}+\frac{1}{K}.\frac{dP}{dt}+\frac{\partial V}{\partial x}=0 \qquad (4.49)$$

eşitliği ve buradan,

$$\frac{1}{K}.\frac{dP}{dt}\left(1+\frac{K.D}{t'.E}\right)+\frac{\partial V}{\partial x}=0 \qquad (4.50)$$

ifadesi elde edilir.

Ses hızı ifadesi;

$$a^2=\frac{K/\rho}{1+\left(K/E\right)\left(D/t'\right)C_1} \qquad (4.51)$$

ile tanımlıdır. Burada C_1 ifadesi, boru hatları bağlantıları içindir.

(4.50) numaralı denklem, düzenlemek için,

$$\frac{K}{\rho.\left(1+\frac{K.D}{t'.E}\right)} \qquad (4.52)$$

ifadesi ile çarpılırsa, ve (4.51) ifadesi denklemde yerine yazılırsa, ses hızına bağlı olarak, (4.51) ifadesi

$$\frac{1}{\rho}.\frac{dP}{dt}+a^2.\frac{dV}{dx}=0 \qquad (4.53)$$

olarak elde edilir. Burada, $P=\rho.g.(H-z)$ olarak daha önce verildiği gibi yerine yazılırsa ve

$$\frac{dP}{dt}=\underbrace{\frac{dx}{dt}}_{V}.\frac{\partial P}{\partial x}+\frac{\partial P}{\partial t} \qquad (4.54)$$

ifadesi ile,

$$\frac{dP}{dt}=V.\rho.g.\left(\frac{\partial H}{\partial x}-\frac{\partial z}{\partial x}\right)+\rho.g.\left(\frac{\partial H}{\partial t}-\frac{\partial z}{\partial t}\right) \qquad (4.55)$$

eşitliği elde edilir.

Burada, ρ'daki değişim, H'ın x ve t'ye bağlı değişiminden çok küçük olduğu için sabit olarak alınmıştır.

Eğer, boru sabit ise $\frac{\partial z}{\partial t}=0$ ve $\frac{\partial z}{\partial x}=-\sin\theta$ olur. Dolayısı ile denklem;

$$\frac{1}{\rho}.\frac{dP}{dt}=V.g.\left(\frac{\partial H}{\partial x}+\sin\theta\right)+g.\frac{\partial H}{\partial t} \qquad (4.56)$$

halini alır ve sonuçta,

$$\frac{a^2}{g}.\frac{\partial V}{\partial x}+V.\frac{\partial H}{\partial x}+\frac{\partial H}{\partial t}+V.\sin\theta=0 \qquad (4.57)$$

ifadesi en genel hali ile elde edilir.

Bu şekilde elde edilen denklemlerin, bir sonraki bölümde karakteristikler yöntemi ile çözümü incelenecektir.

5. NÜMERİK YÖNTEM

Önceki bölümde, rijit ve elastik su sütunu yaklaşımıyla elde edilen diferansiyel denklemler, lineer olmadıklarından, ancak bazı kabuller altında yaklaşık olarak çözülebilirler. Bu bağlamda, rijit su sütunu yaklaşımıyla elde edilen denklemler, sonlu farklar formunda yazılarak çözümler gerçekleştirilecektir. Elastik su sütunu yaklaşımıyla elde edilen denklemeler ise, karakteristikler yöntemi ile adi diferansiyel denklemlere dönüştürülerek ve daha sonrasında sonlu farklar formunda yazılarak çözümler gerçekleştirilecektir. Yöntemler, aşağıda açıklanmıştır.

5.1 Rijit Su Sütunu Yaklaşımına Göre Denklemlerin Sonlu Farklar Metodu ile Çözümü

Rijit su sütunu yaklaşımıyla elde edilen, (4.16) ve (4.18) numaralı dinamik ve süreklilik denklemleri sonlu farklar formunda yazılarsa, (5.1) ve (5.2) numaralı denklemler halini alır (Yüksel, 2000):

$$\frac{L}{g}\frac{dV}{dt}+\frac{V_{sm}^2}{2.g}+z_m+F_t.V_{tm}.\left|V_{tm}\right|+F_s.V_{sm}\left|V_{sm}\right|=0 \tag{5.1}$$

$$V_{tm}.A_t=A_{s,m}.\frac{\Delta z}{\Delta t}+Q_m \tag{5.2}$$

Burada, m indisi, bir zaman aralığındaki ortalama değeri göstermektedir. Bu nedenle, $A_{s,m}$, z ile z+Δz arasındaki denge bacasının ortalama alanıdır. Sabit tip ve boğumlu tip denge bacalarında, z boyunca $A_{s,m}$ sabit olarak oluşmaktadır. Ancak, düz V ve ters V tip denge bacalarında bu ortalama alan değişmektedir. Ancak, denge bacalarının kesit değiştirme açısı çok küçük olması nedeniyle, burada her zaman dilimi için yüksekliğe bağlı olarak hesaplanan kesit alanları- $A_{s,m}$ 'ler sabit alınacaktır.

(5.2) ile verilen, süreklilik denkleminden denge bacasındaki seviye değişimi Δz;

$$\Delta z = \left(V_{tm}.A_t - Q_m\right)\frac{\Delta t}{A_{s,m}} \tag{5.3}$$

olarak elde edilir.

Tüneldeki ortalama hız,

$$V_{tm} = V_i + \frac{\Delta V}{2} \tag{5.4}$$

olarak tanımlı olduğundan ve bu ifade (5.3)'de yerine yazılarak,

$$\Delta z = \left(V_{ti}.A_t + A_t.\frac{\Delta V}{2} - Q_m\right)\frac{\Delta t}{A_{s,m}} \tag{5.5}$$

ifadesi elde edilir.

Denge bacasındaki ortalama yükseklik,

$$z_m = z_i + \frac{\Delta z}{2} \tag{5.6}$$

olarak tanımlı olduğundan ve bu ifade,

(5.2) ile verilen süreklilik denkleminden,

$$V_{sm} = \frac{V_{tm}.A_{tm} - Q_m}{A_{sm}} \tag{5.7}$$

olarak çekilir. Bu ifade ile hız terimi,

$$\frac{V_{sm}^2}{2.g} = \frac{\left[\left(V_i + \frac{\Delta V}{2}\right).A_{tm} - Q_m\right]^2}{2.g.A_{sm}^2} \tag{5.8}$$

olarak elde edilir ve bu ifade denklemlerde yerine yazılır.

Yük kaybı ifadesi ise,

$$YK = F_s.\left(\frac{V_{t,m}.A_t - Q_m}{A_s}\right)^2 + F_t.V_{t,m}^2 \tag{5.9}$$

olarak düzenlenir. Ayrıca, kapama kanunu ile cebri boruya giden ortalama debi,

$$Q_m = Q_i + \frac{\Delta Q}{2} \tag{5.10}$$

olarak tanımlanır ve yukarıdaki ifadeler dinamik denklemde yerlerine yazılarak,

$$\frac{L}{g}\frac{dv}{dt} + \frac{\left[\left(V_i + \frac{\Delta V}{2}\right).A_{tm} - Q_m\right]^2}{2.g.A_{sm}^2} + z_i + \left(V_i.A_t + A_t.\frac{\Delta V}{2} - Q_m\right)\frac{\Delta t}{2.A_{s,m}} +$$

$$F_s.\left(\frac{V_{t,m}.A_t - Q_m}{A_{s,m}}\right)^2 + F_t.V_{t,m}^2 = 0 \tag{5.11}$$

ifadesi elde edilir. Bu ifade düzenlenerek,

$$\left(\frac{F_t.A_s^2 + F_s.A_t^2}{4.A_{s,m}^2} + \frac{A_t^2}{8.g.A_{sm}^2}\right).\Delta V^2 + \left(\frac{L}{g.\Delta t} + \frac{\Delta t.A_t}{4.A_{s,m}} + F_t.V_i + \frac{F_s.A_t.(V_i.A_t - Q_m)}{A_{s,m}^2} + \frac{A_t^2.V_i - A_t.Q_m}{2.g.A_{sm}^2}\right).\Delta V$$

$$\left(\frac{F_s}{A_{s,m}^2}.(V_i.A_t - Q_m)^2 + F_t.V_i^2 + z_i + \frac{\Delta t.V_i.A_t - Q_m.\Delta t}{2.A_{s,m}} + \frac{A_t^2.V_i^2 - 2.A_t.Q_m.V_i + Q_m^2}{2.g.A_{sm}^2}\right) = 0 \tag{5.12}$$

genel denklem olarak elde edilir.

Bu ifade, ikinci dereceden bir bilinmeyenli denklem şeklinde düzenlenmiş olur. Denklemin çözümü;

$$\beta.\Delta V^2 + \alpha.\Delta V + \gamma = 0 \tag{5.13}$$

ifadesinin kökleri olacaktır. Buradan, dolayısıyla,

$$\Delta V = \frac{-\alpha \pm \sqrt{\alpha^2 - 4.\beta.\gamma}}{2.\beta} \tag{5.14}$$

ifadesi ile tanımlıdır.

ΔV ifadesi, her Δt zaman aralığı için bir değere sahip olacaktır. Daha sonrasında, z değeri, (5.5) ifadesinden Δz bulunduktan sonra, z'in ilk değeri ile toplanarak bulunur $(z_{i+1} = z_i + \Delta z)$. Burada, her Δt zaman aralığı için işlem yapılır ve istenilen zaman için sonuçlar elde edilir. Ayrıca, sürtünme katsayıları F_s ve F_t ifadeleri hız ile aynı işaretli olarak denklemelere katılır. Δt=10 sn zaman aralıkları için gerçeğe yakın sonuçlar elde edilir (Yüksel, 2000). Ancak, bu çalışma kapsamında büyük boyutlu sistemlerin hesapları için Δt=1 sn, deney düzeneğinin gerçek ölçüleri alınarak yapılan hesaplarda Δt=0,01 sn zaman aralıkları alınarak işlemler gerçekleştirilmiştir.

5.2 Karakteristikler Yöntemi

Karakteristikler metodu, çözümü analitik yoldan mümkün olmayan non-lineer denklemlerin, nümerik çözümüne olanak sağlayan bir yöntemdir. Bu yöntemle, elastik su sütunu yaklaşımı ile elde edilen kısmi diferansiyel denklemler, önce iki çift adi diferansiyel denklem takımından oluşan karakteristikler eşitliklerine dönüştürülür. Daha sonrasında, bu denklemler sonlu farklar formunda yazılarak, bilgisayar ortamında nümerik integrasyonla çözülürler (Yüksel, 2000).

Bu kapsamda, karakteristikler metodu aşağıdaki şekilde gerçekleştirilir (Gülhan, 1984; Yüksel, 2000):

Burada, f(x,t) ve g(x,t) olmak üzere iki adet fonksiyon alınsın.

$$L_1 = a_1 \frac{\partial f}{\partial x} + b_1 \frac{\partial f}{\partial t} + c_1 \frac{\partial g}{\partial x} + d_1 \frac{\partial f}{\partial t} + e_1 = 0 \qquad (5.15)$$

$$L_2 = a_2 \frac{\partial f}{\partial x} + b_2 \frac{\partial f}{\partial t} + c_2 \frac{\partial g}{\partial x} + d_2 \frac{\partial f}{\partial t} + e_2 = 0 \qquad (5.16)$$

Bu iki denklem doğrudan doğruya integre edilememektedir. Fakat, bu iki diferansiyel denklemin çözümü olan fonksiyonlar, bunların her türlü lineer kombinezonlarının da çözümüdürler.

Buna göre,

$$L = L_1 + z.L_2 \tag{5.17}$$

ifadesi geçerli olur. Burada, z ileride belirlenecek bir parametredir. (5.15) ve (5.16), (5.17)'de yerine yazıldığında,

$$(a_1 + z.a_2)\frac{\partial f}{\partial x} + (b_1 + z.b_2)\frac{\partial f}{\partial t} + (c_1 + z.c_2)\frac{\partial g}{\partial x} +$$

$$(d_1 + z.d_2)\frac{\partial g}{\partial t} + (e_1 + z.e_2) = 0 \tag{5.18}$$

ifadesi elde edilir. z parametresini elde etmek için, yukarıdaki f ve g fonksiyonlarının adi türevleri gelecek şekilde yazılır ve

$$\frac{df}{dt} = (a_1 + z.a_2)\frac{\partial f}{\partial x} + (b_1 + z.b_2)\frac{\partial f}{\partial t} \tag{5.19}$$

$$\frac{dg}{dt} = (c_1 + z.c_2)\frac{\partial g}{\partial x} + (d_1 + z.d_2)\frac{\partial g}{\partial t} \tag{5.20}$$

denklemleri elde edilir. (5.19) ve (5.20) bağıntılarının sağlanması istensin.

Bu nedenle, denklemler düzenlenirse,

$$\frac{df}{dt} = \left(\frac{\partial f}{\partial t} + \frac{(a_1 + z.a_2)}{(b_1 + z.b_2)}\frac{\partial f}{\partial x}\right).(b_1 + z.b_2) \tag{5.21}$$

$$\frac{dg}{dt} = \left(\frac{\partial g}{\partial t} + \frac{(c_1 + z.c_2)}{(d_1 + z.d_2)}\frac{\partial f}{\partial x}\right).(d_1 + z.d_2) \tag{5.22}$$

ifadeleri yazılır. Burada, $\frac{\partial f}{\partial x}$ ifadesinin katsayısı, açılımdan $\frac{dx}{dt}$'ye eşit olmalıdır. (5.21) ve (5.22) ifadelerinden,

$$\frac{dx}{dt} = \frac{(a_1 + z.a_2)}{(b_1 + z.b_2)} \qquad (5.23)$$

$$\frac{dx}{dt} = \frac{(c_1 + z.c_2)}{(d_1 + z.d_2)} \qquad (5.24)$$

ifadeleri elde edilir. (5.23) ve (5.24) numaralı denklemler, fonksiyonların sağlanması için eşit olmalıdır. Buradan,

$$\frac{(a_1 + z.a_2)}{(b_1 + z.b_2)} = \frac{(c_1 + z.c_2)}{(d_1 + z.d_2)} \qquad (5.25)$$

bağıntısı elde edilir. Bu ifade, z'e göre düzenlenirse,

$$z^2.(a_2.d_2 - c_2.b_2) + z.(a_2.d_1 + a_1.d_2 - b_2.c_1 - b_1.c_2)$$

$$+ (a_1.d_1 - b_1.c_1) = 0 \qquad (5.26)$$

ifadesi elde edilir. Bu ifade, ikinci dereceden bir denklem olup, çözümü ile z parametresi elde edilir.

5.2.1 Denklemlerin karakteristikler formunda yazılışı

Dinamik ve süreklilik denklemeleri yukarıdaki ifadelere benzer olarak düzenlenirse,

$$\frac{a^2}{g}\frac{\partial V}{\partial x}+0+V.\frac{\partial H}{\partial x}+\frac{\partial H}{\partial t}-V.\sin\theta=0 \tag{5.27}$$

$$\frac{V}{g}\frac{\partial V}{\partial x}+\frac{1}{g}\frac{\partial V}{\partial t}+\frac{\partial H}{\partial x}+0+\frac{\lambda.V^2}{2.g.D}=0 \tag{5.28}$$

ifadeleri elde edilir. Bu ifadelerdeki değerler, (5.26) eşitliğindeki gibi düzenlenir ve bu ifadenin köklerinden,

$$z_{1,2}=\frac{-\alpha\pm\sqrt{\alpha^2-4.\beta.\gamma}}{2.\beta}=\pm a \tag{5.29}$$

olarak bulunur (a ses hızı olmak üzere).

Süreklilik ve dinamik denklemlerinin lineer kombinezyonu,

$$\left(\frac{a^2}{g}+z.\frac{V}{g}\right)\frac{\partial V}{\partial x}+\frac{z}{g}\frac{\partial V}{\partial t}+(V+z)\frac{\partial H}{\partial x}+\frac{\partial H}{\partial t}-$$

$$V.\sin\theta+\frac{z.\lambda.V^2}{2.g.D}=0 \tag{5.30}$$

olarak yazılır ve $z=+a$ yerine konulursa,

$$\frac{dV}{dt}=\frac{dx}{dt}\frac{\partial V}{\partial x}+\frac{\partial V}{\partial t} \tag{5.31}$$

ifadesinden ve

$$\frac{dx}{dt}=\left(\frac{a^2}{g}+z.\frac{V}{g}\right).\frac{g}{z} \tag{5.32}$$

eşitliğinden,

$$\frac{dx}{dt} = V + a \tag{5.33}$$

ifadesi elde edilir ve K^+ karakteristiği boyunca geçerli olur. (5.33) ifadesi, (5.30) ifadesinde yerine yazılırsa,

$$\frac{dH}{dt} + \frac{a}{g}\frac{dV}{dt} + \frac{\lambda.a.V^2}{2.g.D} - V.\sin\theta = 0 \tag{5.34}$$

ifadesi elde edilir.

$z = -a$ değeri (5.30)'da yerine konulursa,

$$\frac{dx}{dt} = V - a \tag{5.35}$$

ifadesi elde edilir ve K^- karakteristiği boyunca geçerli olur. (5.35) ifadesi, (5.30) ifadesinde yerine yazılırsa,

$$\frac{dH}{dt} - \frac{a}{g}\frac{dV}{dt} - \frac{\lambda.a.V^2}{2.g.D} - V.\sin\theta = 0 \tag{5.36}$$

eşitliği elde edilir.

Karakteristiklerin V'ye bağlı olması, analitik yönden çözüme olanak vermez. a>>V olduğundan dolayı $\frac{dx}{dt} = \pm a$ kabulü ile de diferansiyel denklemler lineer olmadığından ancak yaklaşık yöntemlerle çözüm elde edilir.

5.2.2 Denklemlerin sonlu farklar formunda yazılışı

Bu aşamada, yukarıda (5.34) ve (5.36)'da elde edilen denklemler, sonlu farklar formuna dönüştürülerek, nümerik yoldan çözüm aşamasına getirilir.

5.2.2.1 Karakteristik eğrilerin grafik gösterimi

R ve S iki noktadan geçen, K^+ ve K^- karakteristikleri, P noktasında kesişirler. P noktasında, (5.34) ve (5.36) denklemleri geçerli olacağından, bu denklemlerin integrasyonu ile H ve V değerleri hesaplanır (Gülhan, 1984, Yüksel,2000).

Bu şekilde, (5.34) ve (5.36) numaraları eşitliklerin integrasyonu yapılarak,

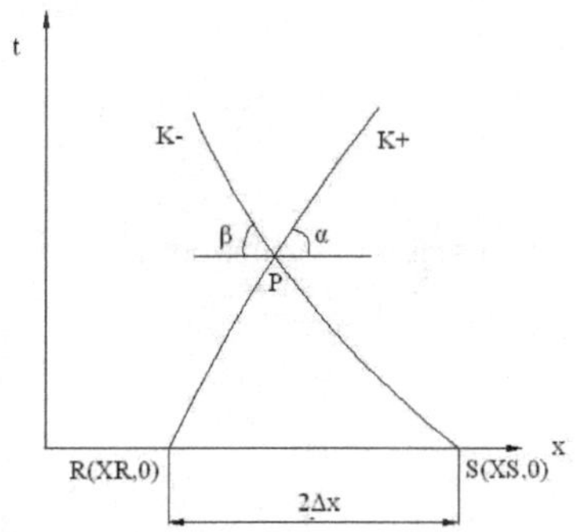

Şekil 5.1 Karakteristik eğim çizgileri ile noktaların gösterilişi (Gülhan, 1984).

$$\int_R^P dH + \frac{a}{g}\int_R^P dV + \frac{\lambda.a.V^2}{2.g.D}\int_R^P dt - V.\sin\theta\int_R^P dt = 0 \qquad (5.37)$$

$$\int_S^P dH - \frac{a}{g}\int_S^P dV - \frac{\lambda.a.V^2}{2.g.D}\int_S^P dt - V.\sin\theta\int_S^P dt = 0 \qquad (5.38)$$

eşitlikleri elde edilir. Bu ifadelerle, (5.37) ve (5.38) denklemlerinin genel hali;

K^+ karakteristiği boyunca $\frac{\Delta x}{\Delta t} = V + a$ geçerli olacağından,

$$\Delta H + \frac{a}{g}.\Delta V + \frac{\lambda.a.V^2}{2.g.D}.\Delta t - V.\sin\theta.\Delta t = 0 \qquad (5.39)$$

K^- karakteristiği boyunca $\frac{\Delta x}{\Delta t} = V - a$ geçerli olacağından,

$$\Delta h - \frac{a}{g}.\Delta V - \frac{\lambda.a.V^2}{2.g.D}.\Delta t - V.\sin\theta.\Delta t = 0 \qquad (5.40)$$

olarak elde edilir.

R ve S birbirine çok yakın seçilirse, eğriler bir doğru olarak alınabilir ve,

$$V_R \cong 0{,}5.(V_R + V_P) \qquad (5.41)$$

$$V_S \cong 0{,}5.(V_S + V_P) \qquad (5.42)$$

olarak yazılabilir ve bu ortalama değerler kullanılabilir. Bu kabullerle aşağıdaki ifadeler yazılır (Yüksel, 2000).

K⁺: $\frac{x_P - x_R}{t_P - t_R} = V_R + a$ ifadesi ile,

$$H_P - H_R + \frac{a}{g}.(V_P - V_R) + \frac{\lambda.a.V_R^2}{2.g.D}.(t_P - t_R) -$$

$$V_R.\sin\theta.(t_P - t_R) = 0 \qquad (5.43)$$

K⁻: $\frac{x_P - x_S}{t_P - t_S} = V_S - a$ ifadesi ile,

$$H_P - H_S - \frac{a}{g}.(V_P - V_S) - \frac{\lambda.a.V_S^2}{2.g.D}.(t_P - t_S) -$$

$$V_S.\sin\theta.(t_P - t_S) = 0 \qquad (5.44)$$

eşitlikleri elde edilir. Eşitlikleri (-) ile çarpılıp toplanırsa,

$$H_P = 0{,}5.(H_R + H_S) + \frac{a}{2.g}.(V_R - V_S) - \frac{\lambda.a}{4.g.D}.\left[V_R^2.(t_P - t_R) - V_S^2.(t_P - t_S)\right] +$$

$$0{,}5.\sin\theta.\left[V_R.(t_P - t_R) - V_S.(t_P - t_S)\right] \qquad (5.45)$$

ve

$$V_P = \frac{g}{2.a}.(H_R - H_S) + 0{,}5.(V_R + V_S) - \frac{\lambda}{4D}.\left[V_R^2.(t_P - t_R) + V_S^2.(t_P - t_S)\right] +$$

$$\frac{g}{2.a}.\sin\theta.\left[V_R.(t_P - t_R) - V_S.(t_P - t_S)\right] \qquad (5.46)$$

ifadeleri elde edilir ve (5.45) ve (5.46) eşitlikleri sınır kesitleri dışındaki tüm ortamın bütün noktaları için geçerlidir.

$\frac{\Delta x}{\Delta t} = \pm a$ kabulu ile ve $\Delta x = \frac{L}{N}$ ifadesi ile N+1 adet nokta tanımlanır.

Eğriler ise, $\Delta t = \frac{L}{a.N}$ zaman aralıkları ile kesişirler. Daimi hal koşulları, başlangıç değerleridir. (5.44) ve (5.45) denklemlerinde hız yerine debi ifadesi yazılırsa;

K^+ karakteristiği boyunca $\frac{\Delta x}{\Delta t} = a$;

$$H_P - H_R + \frac{a}{g.A}.(Q_P - Q_R) + \frac{\lambda.a.Q_R^2}{2.g.D.A^2}.(t_P - t_R) -$$

$$\frac{Q_R}{A}.\sin\theta.(t_P - t_R) = 0 \qquad (5.47)$$

K^- karakteristiği boyunca $\frac{\Delta x}{\Delta t} = -a$;

$$H_P - H_S - \frac{a}{g.A}.(Q_P - Q_S) - \frac{\lambda.a.Q_S^2}{2.g.D.A}.(t_P - t_S) -$$

$$\frac{Q_S}{A}.\sin\theta.(t_P - t_S) = 0 \qquad (5.48)$$

ifadeleri elde edilir. Aşağıdaki kısaltmalar yapılırsa,

$$U = \frac{a}{g.A} \qquad S = \frac{f.a}{2.g.D.A^2} \qquad W = \frac{\sin\theta}{A} \qquad (5.49)$$

ve Δt zaman aralığı başlangıcındaki değerler $H_{m,t}$ ve $Q_{m,t}$ ile bir sonraki zaman aralığı için $H_{m,t+\Delta t}$ ve $Q_{m,t+\Delta t}$ ile gösterilir.

Kısaltmalarla, K^+ karakteristiği üzerinde,

$$AK = H_{R,t} + U.Q_{R,t} - S.Q_{R,t}^2.\Delta t + W.Q_{R,t}.\Delta t \tag{5.50}$$

ifadesi ile,

$$H_{P,t+\Delta t} = AK - U.Q_{P,t+\Delta t} \tag{5.51}$$

elde edilir.

Ayrıca K^- karakteristiği üzerinde,

$$EK = H_{S,t} - U.Q_{S,t} + S.Q_{S,t}^2.\Delta t + W.Q_{S,t}.\Delta t \tag{5.52}$$

ifadesi ile,

$$H_{P,t+\Delta t} = EK + U.Q_{P,t+\Delta t} \tag{5.53}$$

elde edilir.

5.2.2.2 Sistem için sınır koşulları

Denge bacası sistemine sahip, hidroelektrik enerji tesisine ait sınır koşulları için denklemler aşağıda çıkartılmıştır (Gülhan, 1984).

5.2.2.2.1 Hazne sınır koşulu

Haznedeki (biriktirme gölündeki) su seviyesi zamanla değişmeyeceği kabulüyle, 1 noktasındaki basıncın da zamanla değişmeyeceği kabul edilir (Şekil 5.2). Bu nedenle,

$$H_{1,t+\Delta t} = Hg \tag{5.54}$$

ifadesi yazılır.

1 noktası, aynı zamanda K^- karakteristiği üzerinde bulunduğundan;

$$Q_{1,t+\Delta t} = \left(\frac{H_{1,t+\Delta t} - (EKT \pm HCK)}{UT} \right) \tag{5.55}$$

ifadesi elde edilir. Burada, kayıplar K^- karakteristiği üzerinde gelen bir sonraki nokta üzerine etki ettirilir (EKT tünel ifadesi için K^- karakteristiğinin terimi ve HCK hazne çıkış kaybının ifadesidir.).

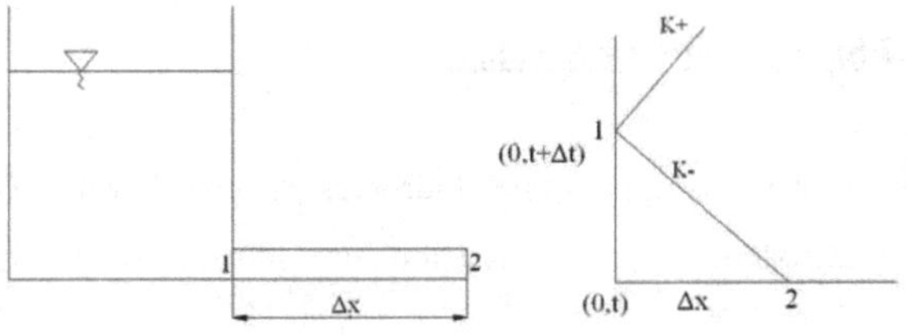

Şekil 5.2 Hazne sınır koşulu şematik gösterimi (Gülhan, 1984).

5.2.2.2.2 Denge bacası sınır koşulu

Denge bacasında, süreklilik ifadesi uygulanarak işlemler gerçekleştirilmiştir (Gülhan, 1984; Fox, 1989).

Süreklilik ifadesinden,

$$QG = QC + QB \tag{5.56}$$

eşitliği elde edilir ve aynı zamanda, denge bacasındaki debi,

$$QB = \frac{\Delta z}{\Delta t}.ALB = \frac{H_{P,t+\Delta t} - H_{P,t}}{\Delta t}.ALB \tag{5.57}$$

ifadesi ile tanımlıdır.

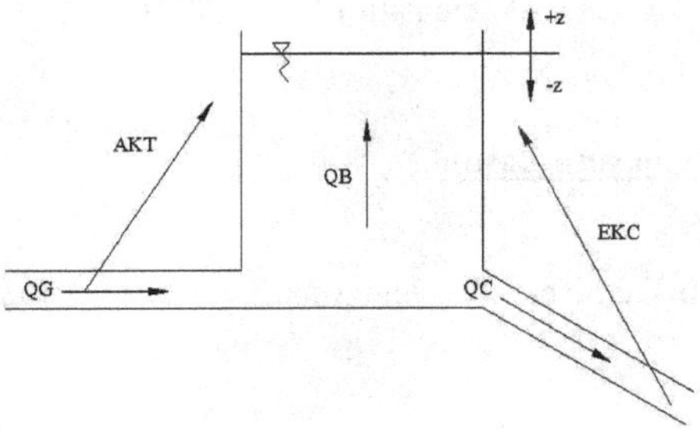

Şekil 5.3 Denge bacası sınır koşulu şematik gösterimi (Gülhan, 1984)

Galeri debisi ise, karakteristik denklemden,

$$QG = \frac{(AKT \pm Denge\_Bacasi\_Kayiplari) - H_{P,t+\Delta t}}{UT} \tag{5.58}$$

olarak elde edilir. Cebri boru debisi yine karakteristik denklemden,

$$QC = \frac{H_{P,t+\Delta t} - (EKC \pm Denge\_Bacasi\_Kayiplari)}{UC} \tag{5.59}$$

olarak elde edilir.

Buradan, denge bacasındaki basınç,

$$H_{P,t+\Delta t} = Hp = \frac{\dfrac{AKT \pm DBK}{UT} + \dfrac{EKC \pm DBK}{UC} + \dfrac{H_{P,t}.ALB}{\Delta t}}{\dfrac{1}{UT} + \dfrac{1}{UC} - \dfrac{ALB}{\Delta t}} \tag{5.60}$$

olarak elde edilir. Denge bacasındaki kayıplar, K^+ ve K^- karakteristik eğrileri üzerinden gelen ifadelere katılır (Fox, 1989).

5.2.2.2.3 Vana sınır koşulu

Bir kesitten daimi bir akış için vana sınır koşulu yazılarak (Özgür, 1980),

$$Q_{V0} = (m.AV)_0.\sqrt{2.g.H_{V0}} \tag{5.61}$$

ifadesi elde edilir. Burada,

m : daralma katsayısı ile hız katsayısının birleşimi bir katsayı olup, 0,6 ile 0,61 arası bir değerdir.

Q_{V0} : vana debisi (m^3/s)

H_{V0} : vanadaki basınç düşüşü (m)

AV : vana kesit alanı (m^2)'dır.

Vanada oluşacak herhangi bir kısılma sonucu, H_{VP} yük düşüşünü göstermek üzere (Gülhan, 1984),

$$Q_{VP} = (m.AV)_P.\sqrt{2.g.H_{VP}} \tag{5.62}$$

şeklinde yazılır. (5.61) ve (5.62) ifadesi taraf tarafa bölünmesiyle, boyutsuz parametre ifadesi,

$$\tau = \frac{(m.AV)_P}{(m.AV)_0} \tag{5.63}$$

olarak elde edilir ve

$$Q_{VP} = \frac{Q_{V0}}{\sqrt{H_{V0}}}.\tau.\sqrt{H_{VP}} \tag{5.64}$$

ifadesi elde edilir. Kararlı hal için, $\tau = 1$ ve vana kapalı iken $\tau = 0$'dır. Sistemde vana kesidi N1 indisi ile gösterilmek üzere, (5.50) eşitliği, (5.64) eşitliği ile düzenlenirse ve

$$m_V = \frac{(Q_{V0}.\tau)^2}{2.H_{V0}} \tag{5.65}$$

olmak üzere,

$$AKC = H_{N,t} + UC.Q_{N,t} - SC.Q_{N,t}^2.\Delta t - WC.Q_{N,t}.\Delta t \tag{5.66}$$

olarak yazılır ve (5.51) ifadesinde, (5.64) ve (5.65) ifadeleri yerlerine yazılır ve bulunan ikinci derece denklem düzenlenerek,

$$Q_{N1,t+\Delta t} = -UC.m_V + \sqrt{(UC.m_V)^2 + 2.m_V.AKC} \tag{5.67}$$

ifadesi elde edilir. Basınç ise,

$$H_{N1,t+\Delta t} = AKC - UC.Q_{N1,t+\Delta t} \tag{5.68}$$

ile tanımlıdır.

5.2.2.2.4 Debimetre sınır koşulu

Deney düzeneğinin birebir boyutları için yapılacak hesaplarda, debimetre sınır koşulunun hesaplara katılması gereklidir. Bu nedenle, debimetreye giren ve çıkan debi koşulu ile debimetredeki yük kaybının ifadelere katılması sonucunda aşağıdaki ifadeler bulunur.

Debimetredeki yük kaybı ifadesi ile (s indisleri tünelin debimetreye kadar ilk parçasındaki son noktayı, 1 indisleri de tünelin ikinci parçasındaki ilk noktayı ifade etmek üzere), DMK debimetre yük kaybı olmak üzere,

$$H_1 = H_s \pm DMK \tag{5.69}$$

koşulu elde edilir (burada, DMK hız ile ters yönlüdür) ve (5.69), (5.51) ve (5.53) ifadeleri ile debimetreye giren ve çıkan debinin eşit olması koşulundan ($Q_1 = Q_s$),

$$H_s = \frac{AK_s + EK_1 \pm DMK}{2} \tag{5.70}$$

ifadesi elde edilir ((5.70) ifadesindeki DMK terimi ise, işlemlerde taraf değiştirdiğinden hız ile aynı işaretli olarak ifadelere katılır.).

5.3 Parametre Tanımlamaları

Bu bölümün ilk bölümlerinde ve bölüm 4'de, diferansiyel denklemler çıkartılarak, çözüm yöntemleri anlatılmıştır. Bu bölümde ise, bu yöntemler ışığında, örnek olarak, dört tip denge bacası sistemi ele alınmış ve bunlar nümerik olarak çözümlenmiştir. Bunlar;

1- Basit kuyu tip (Şekil 5.4),
2- Boğumlu tip (Şekil 5.5),
3- Düz V tip (Şekil 5.6),
4- Ters V tip (Şekil 5.7)'dir.

Bu denge bacaları için hesaplamalar, rijit ve elastik su sütunu yaklaşımına göre aşağıda verilen tanımlamalar ile gerçekleştirilmiştir.

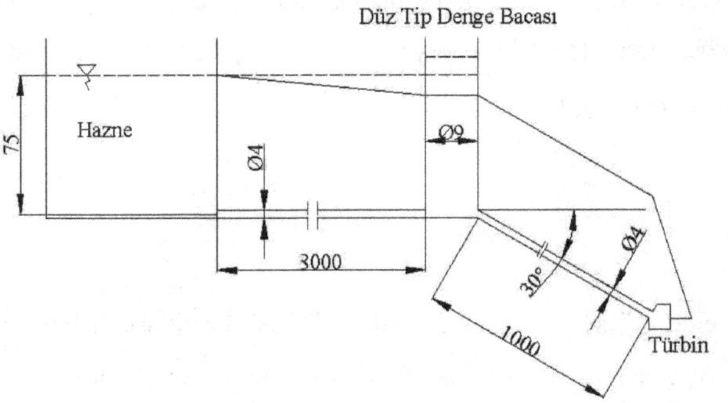

Şekil 5.4 Basit kuyu tip denge bacasına sahip hidroelektrik enerji tesisi (ölçüler metredir).

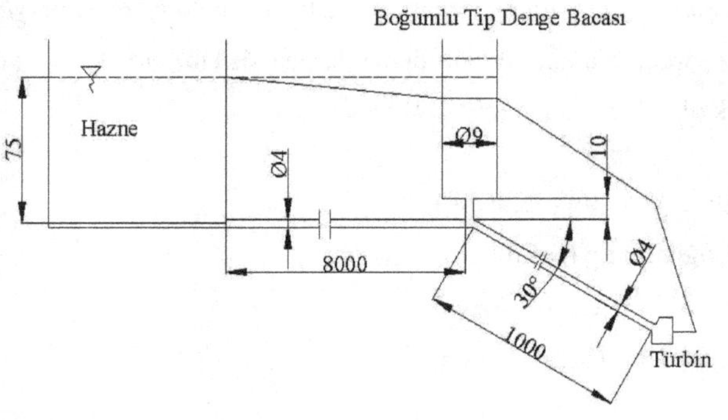

Şekil 5.5 Boğumlu tip denge bacasına sahip hidroelektrik enerji tesisi (ölçüler metredir).

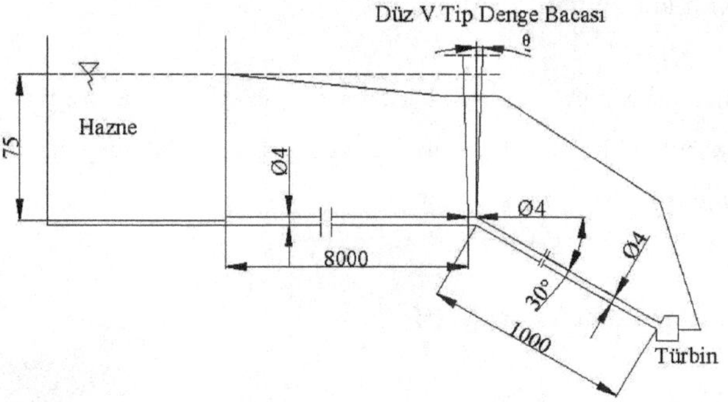

Şekil 5.6 Düz V tip denge bacasına sahip hidroelektrik enerji tesisi (ölçüler metredir).

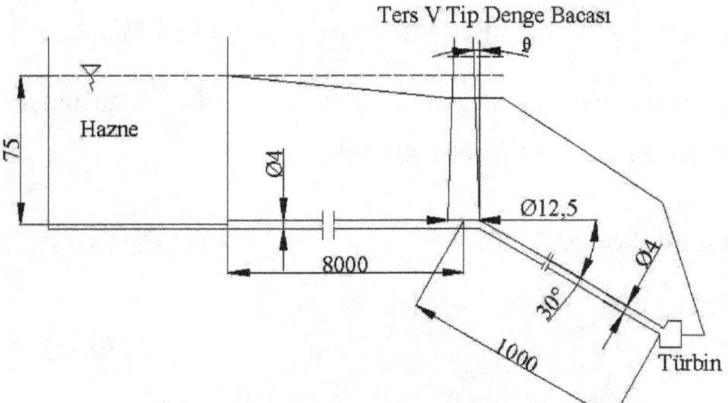

Şekil 5.7 Ters V tip denge bacasına sahip hidroelektrik enerji tesisi (ölçüler metredir).

5.3.1 Yüzey pürüzlülüğü (ε)

Tünel, cebri boru ve denge bacası akım yüzeyleri, ticari yeni sac levha olduğu kabul edilmiştir. Bu kabulle, yüzey pürüzlülük değeri 0,05 mm olarak alınır (White, 2005).

5.3.2 Sürtünme katsayısı (f)

Akım tipi türbülanslı akım olduğundan, sürtünme katsayısı (f), $\frac{\varepsilon}{D}$ değeri ve Reynolds sayısına bağlı olarak değişir (D boru çapı olmak üzere). Reynolds ve $\frac{\varepsilon}{D}$ değerine göre, f değerleri Moody diyagramından (Ek 1) okunur. Ancak, hız, sistemde zaman aralıklarında sürekli değişir. Bu nedenle, Reynolds ve $\frac{\varepsilon}{D}$ oranına göre Moody diyagramından değerler okunarak, f değeri Reynolds değerinin fonksiyonu olarak yazılmıştır. İfadelerde, f değeri bu şekilde hesaba katılmıştır.

Reynolds sayısı ise (White, 2005),

$$Re = \frac{\rho . V . D}{\mu} \qquad (5.71)$$

şeklinde tanımlıdır. Burada,

ρ : akışkanın yoğunluğu (kg/m^3),

V : akışkan hızı (m/s)

D : boru çapı (m)

μ : dinamik viskozite ($N.s/m^2$) (20 ^{0}C'de su için, $1{,}002.10^{-3}$)'dir (Anonim, 2006c).

Bu değerlerle, tünel ve cebri boru için f'in değişimi Şekil 5.8'de, denge bacası için ise Şekil 5.9'da verilmiştir. Boğumlu tip denge bacası hesaplarında, boğum çapının değişimi ile elde edilecek değerlerde, moody diyagramındaki eğrilerin birbirine çok yakın olması nedeniyle, Şekil 5.8'de elde edilen fonksiyon kabul edilerek kullanılmıştır.

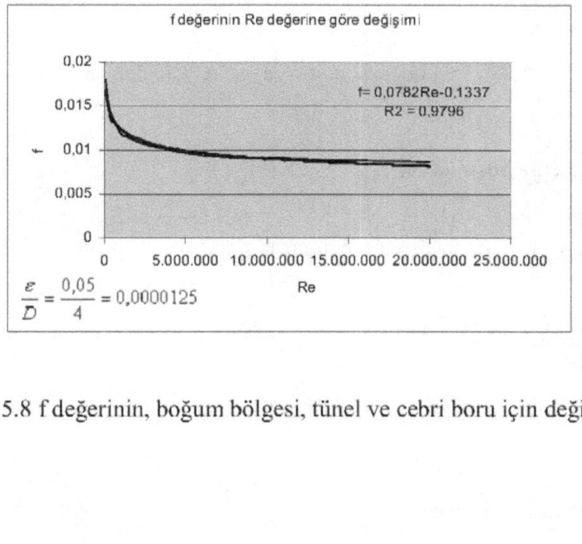

Şekil 5.8 f değerinin, boğum bölgesi, tünel ve cebri boru için değişimi.

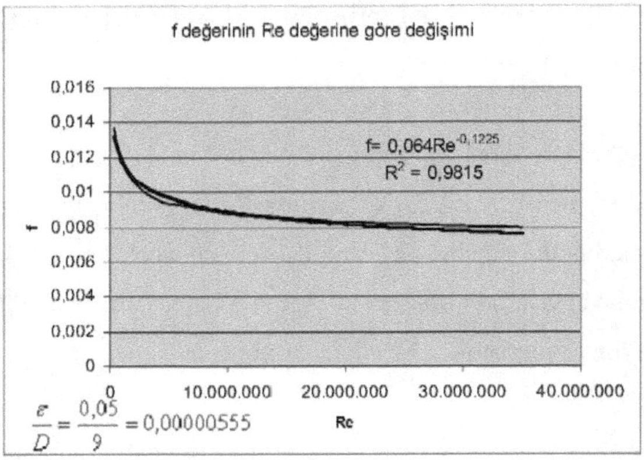

Şekil 5.9 f değerinin, denge bacası için değişimi.

5.3.3 Düz boru kaybı

Düz boru kaybı aşağıdaki ifade ile bulunur (Özgür,1980):

$$DBK = \frac{f.l.V_b^2}{2.g.D} \tag{5.72}$$

Burada,

f : sürtünme katsayısı

l : boru boyu (m)

V_b : boru içindeki akım hızı (m/s)

D : boru çapı (m)

g : yerçekimi ivmesi (9,81 m/s^2)'dir.

5.3.4 Hazne çıkış kaybı

Hazne çıkış kaybı aşağıdaki ifade ile bulunur (Özgür, 1980):

$$ÇK = K_ç . \frac{V_ç^2}{2.g} \tag{5.73}$$

Burada,

$K_ç$: çıkış kayıp katsayısı. Pratikte 0,5 alınır.

$V_ç$: çıkış kesitindeki akım hızı (m/s)'dır.

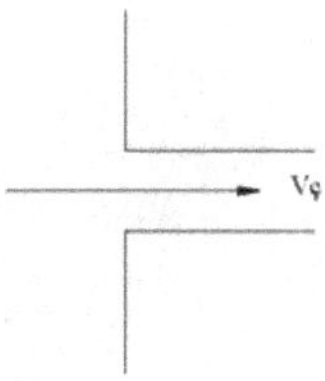

Şekil 5.10 Hazne çıkış ifadesinin şematik gösterimi.

5.3.5 Ani Daralma Kaybı

Kesitlerdeki oluşan ani daralma ile oluşan lokal kayıplar aşağıdaki ifade ile bulunur (White, 2005):

$$ADK = K_{ADK} . \frac{V_ç^2}{2.g} \tag{5.74}$$

K_{ADK} ifadesi, $\frac{d}{D} = 0{,}76$ değerine kadar, aşağıdaki şekilde hesaplanır.

$$K_{ADK} \approx 0{,}42.\left(1 - \frac{d^2}{D^2}\right) \qquad (5.75)$$

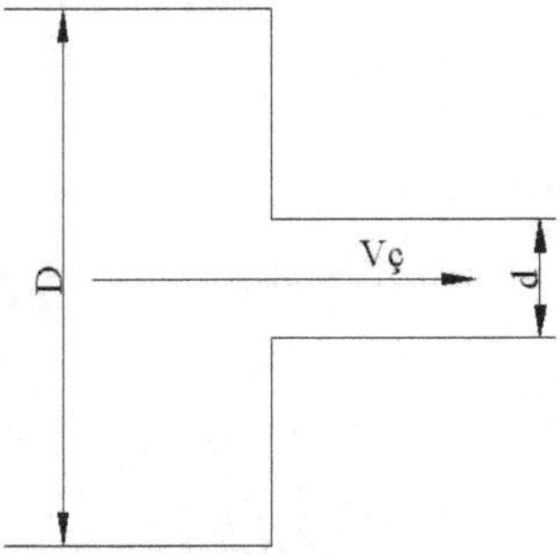

Şekil 5.11 Ani daralma ifadesinin şematik gösterimi.

Burada,

$V_ç$: çıkış (daralan) kesitindeki akım hızı (m/s)

d : daralan (küçük) kesit çapı (m)

D : ilk kesit çapı (m)'dır.

5.3.6 Ani Genişleme Kaybı

Kesitlerdeki oluşan ani genişleme ile oluşan lokal kayıplar aşağıdaki ifade ile bulunur (White, 2005):

$$ANK = K_{ANK} \cdot \frac{V_g^2}{2.g} \tag{5.76}$$

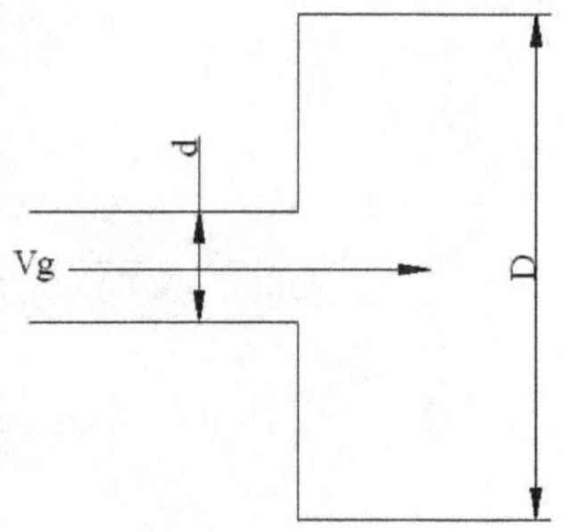

Şekil 5.12 Ani genişleme ifadesinin şematik gösterimi.

K_{ANK} ifadesi, $\frac{d}{D} = 0{,}76$ değerine kadar, aşağıdaki şekilde hesaplanır:

$$K_{ANK} \approx 0{,}42.\left(1 - \frac{d^2}{D^2}\right) \tag{5.77}$$

Burada,

V_g : giriş kesitindeki akım hızı (m/s)

d : giriş (küçük) kesit çapı (m)

D : çıkış kesit çapı (m)'dır.

5.3.7 Yavaş Genişleme Kaybı

Yavaş olarak genişleyen borularda oluşan kayıplar, aşağıdaki şekilde bulunur (Anonim, 2006b).

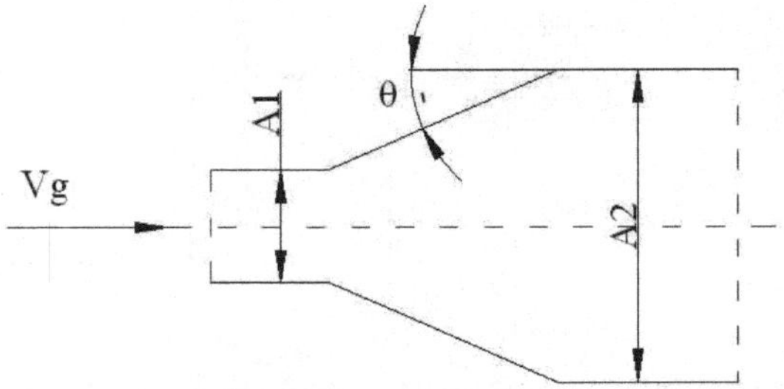

Şekil 5.13 Yavaş genişleme ifadesinin şematik gösterimi.

Oluşan toplam kayıp,

$$YGK = K_{YGK} \cdot \frac{V_g^2}{2.g} \tag{5.78}$$

bağıntısı ile verilir. Burada,

$$K_{YGK} = 2{,}6.\sin\theta.\left(1 - \frac{A1}{A2}\right)^2 \quad 2\theta \leq 45^\circ \text{ için} \tag{5.79}$$

ifadesi ile bulunur. Burada,

$A1$: giriş kesit alanı (m^2)

$A2$: çıkış kesit alanı (m^2)

θ : eğim açısı'dır.

5.3.8 Yavaş Daralma Kaybı

Yavaş olarak daralan borularda oluşan kayıplar, aşağıdaki şekilde bulunur (Anonim, 2006b).

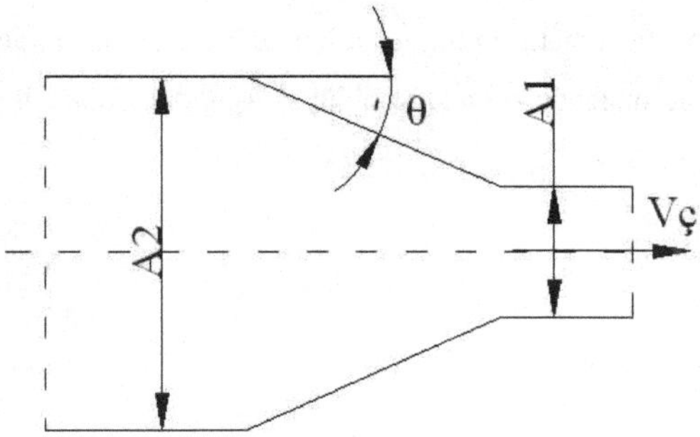

Şekil 5.14 Yavaş daralma ifadesinin şematik gösterimi.

Oluşan toplam kayıp,

$$YDK = K_{YDK} \cdot \frac{V_{ç}^2}{2.g} \tag{5.80}$$

bağıntısı ile verilir. Burada,

$$K_{YDK} = 0{,}4.\sin\theta.\left(1 - \frac{A1}{A2}\right) \quad 2\theta \leq 45^{\circ} \text{ için} \tag{5.81}$$

ifadesi ile bulunur. Burada,

$A1$: çıkış kesit alanı (m^2)

$A2$: giriş kesit alanı (m^2)

θ : eğim açısı'dır.

5.3.9 Ses Hızı

Sistemdeki yük değişimleri ile oluşan basınç dalgası, ses hızı ile ilerler. Ses hızı, boru hatları için ve su içinde bulunan hava kabarcıklarının ihmal edilebilir düzeyde olması kabulüyle aşağıdaki ifade ile elde edilir (Gürtay, 1985) .

$$a = \left[\frac{1}{\rho\left(\frac{1}{K} + \frac{D}{e.E}.\left(1 - \nu^2\right)\right)} \right]^{1/2} \qquad (5.82)$$

Burada,

ρ : akışkanın yoğunluğu (kg/m^3)

K : akışkanın hacimsel elastisite modülü (N/m^2)

D : Boru iç çapı (m)

e : Boru et kalınlığı (m)

E : Boru malzemesinin elastisite modülü (N/m^2)

ν : poisson oranı'dır.

Akışkanın su olması nedeniyle,

$K = 2{,}1.10^9$ (N/m^2) (Pickford, 1969)

$E = 2{,}1.10^{11}$ (N/m^2) (Pickford, 1969)

$\rho =$ 998,2 kg/m^3 (Anonim, 2006d)

değerlerini alır.

Boru çeperi çelik olduğu kabulüyle,

$\nu = 0{,}3$ (Topkaya, 1978)

değerini alır. Burada, e=50 mm alınarak örnek sistemler için işlem gerçekleştirilirse,

$a \cong 1401$ m/s olarak bulunur.

5.4 Sistem Emniyeti için Sağlanması Gereken Şartlar

Tasarlanan denge bacası sistemlerinin emniyetle çalışabilmesi için, aşağıda verilen şartların gerçekleşmesi gerekir.

5.4.1 Minimum denge bacası kesit alanı

Sürekli ve artan salınımların meydana gelmeyerek, sönümlenmesi ve stabil bir seviyenin hızlı bir şekilde oluşması için denge bacası kesiti belirli bir değerin üzerinde olmalıdır. Vogt, Thoma ve diğer araştırmacılara göre, denge bacasına verilecek minimum denge bacası kesiti aşağıdaki formül ile bulunur (Schleiermacher, 1967):

$$A_{min} \geq \frac{k^2.A_t^2}{69{,}55.H} \tag{5.83}$$

Burada,

A_t : Tünel kesit alanı (m^2),

k : Strickler'e göre pürüzlülük katsayısı (tünel için), bu değer çelik kaynaklı sac yüzeyler için 100 olarak alınır (Taner, 1966).

H : Faydalı düşü (m)

ifade etmektedir.

Prof. Dieter Thoma ise sürekli veya rezonans tesiri ile artan salınımların oluşmaması için, aşağıdaki şartları vermektedir (Schleiermacher, 1967).

$$\frac{h}{H} \langle \frac{1}{3} \tag{5.84}$$

ve

$$x.\frac{l.A_t.V_t^2}{g.A_s.h^2} \leq 2.\varphi.\frac{1-\frac{h}{H}}{\frac{h}{H}} \tag{5.85}$$

şartları gerçekleşmelidir.

(5.81) ve (5.82) şartlarından, denge bacasına verilmesi gereken minimum kesit (Schleiermacher, 1967);

$$A_{min} \geq \frac{x}{2.g.\varphi}.\frac{l.A_t.V_t^2}{h.H} \qquad (5.86)$$

olarak bulunur.

Burada,

x : pürüzlülüğün fonksiyonu olup, 1,02 ile 1,20arasında değişir. Beton kaplamalı tünellerde 1,02 ile 1,05 arası değer alınabilir. Ele alınan örnek sistemde, ticari çelik sac yüzey için bu değer, 1,05 kabul edilecektir.

g : yerçekimi ivmesi (9,81 m/s^2)

φ : Sürtünme kayıplarının, hızın karesi ile değişmesinden kaynaklanan katsayıdır. 0,97 olarak alınması gerçeğe yakın sonuçlar vermektedir.

l : tünel boyu (m)

A_t : tünel kesit alanı (m^2),

V_t : tüneldeki hız (m/s)

H : faydalı düşü (m)

h : kararlı akım durumunda tüneldeki yük kayıpları (m)'dır.

Ayrıca, de Sparre şartına göre, denge bacasına verilebilecek minimum çap, tünel çapına yakın bir değerde olmalıdır. Yalnız, bu şart aynı zamanda Thoma şartını da sağlamalıdır (Taner, 1973).

5.4.2 Ani yükleme esnasında denge bacasında oluşacak minimum seviye

Sistemde gerçekleşecek ani yüklenmeler esnasında, türbinin ihtiyacı olan yüksek miktarlardaki debiler, denge bacalarından sağlanır. Bunun nedeni, haznenin bu debi ihtiyacından habersiz olması ve bu debiyi ani olarak karşılayamamasıdır. Çünkü, tünel içindeki akım hızının türbinden çekilecek debiyi sağlayana kadar belirli bir sürenin gerekmesidir. Bu nedenle, ani yükleme esnasında, ani bir şekilde denge bacasında maksimum seviye alçalması gerçekleşmektedir. Bu maksimum alçalma, Forchhemier'in vermiş olduğu aşağıdaki formül ile bulunur (Schleiermacher, 1967).

$$z = 0{,}178.h + \sqrt{(0{,}178.h)^2 + \frac{2.h}{\rho}} \qquad (5.87)$$

Burada,

z : haznedeki seviyeye göre oluşacak maksimum alçalma miktarı (m)

h : kararlı akım durumunda tüneldeki yük kayıpları (m)

$\frac{1}{\rho} = \frac{l.A_t..V_t^2}{2.g.A_s.h}$ ifadesi ile tanımlıdır.

5.5 Rijit Su Sütunu Yaklaşımına Göre Çözümler

4.1 numaralı bölümde anlatılan rijit su sütunu yaklaşımına göre çözümler, Ek 2'de verilen akış diyagramına göre gerçekleştirilmiştir.

Bu akış diyagramına göre, Matlab programlama dilinde yazılan programlar Ek 3 ile Ek 7 arasında verilmiştir. Bunlar,

- Ek 3, Düz geleneksel tip denge bacası için yazılmış program.

- Ek 4, Boğumlu (daralma-genişleme) tip denge bacası için yazılmış program. Bu program, boğum bölgesinde, tünel çapından küçük bir çapa daralma üzerine yazılmıştır.
- Ek 5, Boğumlu (genişleme-genişleme) tip denge bacası için yazılmış program. Bu program, boğum bölgesinde, tünel çapından daha büyük bir çapa genişleme üzerine yazılmıştır.
- Ek 6, Düz V tip denge bacası için yazılmış program.
- Ek 7, Ters V tip denge bacası için yazılmış program.
- Ek 8'de ise, bu programlarla elde edilen sonuçlar toplu

olarak verilmiştir.

Ek 8'de, sistemlerin çeşitli değerler için sonuçları incelenmiş ve bu sonuçlar çizelge haline getirilmiştir. Koyu olarak verilen değerler, elastik su sütunu yaklaşımı da göz önüne alınarak, yapılacak karşılaştırmalarda kullanılacak değerlerdir. Bu değerlerin alınmasında, sistemde oluşan maksimum yükseklikler (uygulanabilirlik) ile minimum yükseklikler (emniyetle çalışma) dikkate alınmıştır. Böylece, sistem hesaplarının emniyet sınırları içinde kalması sağlanmıştır.

Bu değerlere göre, denge bacalarında oluşan salınımlar, Şekil 5.15'de görülmektedir.

Grafikler yorumlandığında aşağıdaki sonuçlar elde edilmiştir.

1- Düz V tipi denge bacasında, en düşük salınım yüksekliği oluşmaktadır.

2- Düz V tipi denge bacasında salınımların peryodunu tamamlama süresi diğerlerine göre gecikmektedir. Fakat, bu gecikme miktarı çok fazla değildir.

3- Ters V tip denge bacasında, pik yükseklik oluşmasına rağmen, salınımların periyodunu tamamlama zamanı diğerlerine göre daha erken gerçekleşmektedir.

4- Boğumlu tip denge bacasında oluşan salınım yükseklikleri, beklenildiği gibi, düz klasik tip denge bacasına göre daha az olarak gerçekleşmiştir. Bu yükseklik farklarının çok düşük olması nedeniyle, grafikler, hemen hemen üst üste binmektedir.

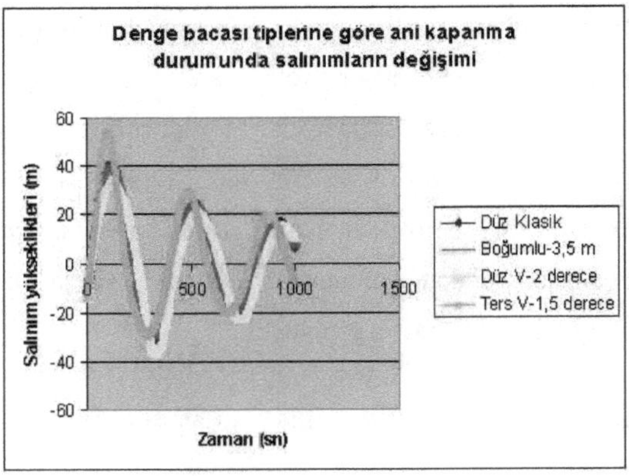

Şekil 5.15 Rijit su sütunu yaklaşımına göre ani kapanma durumunda denge bacalarındaki salınımların değişimi.

Bu değerler ışığında elde edilen minimum hacimlerin, denge bacası tiplerine göre gösterimi Şekil 5.16'da verilmiştir.

Grafikler yorumlandığında aşağıdaki sonuçlar elde edilmiştir.

1. Gerekli en düşük hacim gerektiren denge bacası tipi, düz V tip denge bacasıdır.
2. Boğumlu ile düz tip denge bacalarının, salınımları arasında çok az fark olmasına rağmen, boğumlu tip denge bacası dikkate değer miktarda daha az bir hacme gereksinim gösterir. Bunun nedeni ise, boğum bölgesi nedeniyle oluşan hacim azalmasıdır. Boğumlu tip denge bacasında, boğum çapının 3,5 m alınmasının nedenleri, de Sparre şartının gerekliliği olan, tünel çapına yakın bir denge bacası çapı olması ve girişte fazla bir daralma gerçekleştirmeyerek sistemde debi giriş ve çıkış hareketlerinin zorlaştırılmamasıdır.
3. Ters V tip denge bacası en fazla hacim gereksinimi gösterir. Burada, 1,5 derecelik bir denge bacasının alınmasının nedenleri, en düşük çapın sıfıra yakın olmaması ve denge bacasında oluşan maksimum yükseklik değerinin ortalama bir değerde olmasının istenmesidir.
4. Çizelge 5.1'den de anlaşılacağı üzere, düz V tip denge bacası kullanımı ile en az %23'lük bir hacim kazancı oluşmaktadır. Diğer baca tiplerinde ise bu değer artmaktadır.

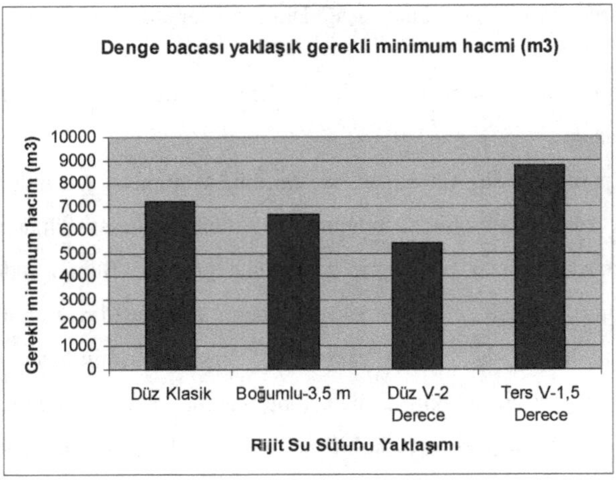

Şekil 5.16 Rijit su sütunu yaklaşımına göre elde edilen, minimum gerekli denge bacası hacimleri.

Çizelge 5.1 Rijit yaklaşımla, düz V tipi denge bacasının hacminin 100 m^3 olması durumunda diğerlerinin hacmi.

Denge Bacası Şekli	Denge Bacası Yaklaşık Gerekli Minimum Hacmi (m^3)	Hacim Fazlalığı
Düz Klasik	7216,1	133,5
Boğumlu-3,5 m	6662,4	123,2
Ters V-1,5 Derece	8770,7	162,2

5.6 Elastik Su Sütunu Yaklaşımına Göre Çözümler

4.2 numaralı bölümde anlatılan elastik su sütunu yaklaşımına göre çözümler, Ek 9'da verilen akış diyagramına göre gerçekleştirilmiştir.

Bu akış diyagramına göre, gerçekleştirilen Matlab programlama dilinde yazılmış bilgisayar programları, Ek 10 ile Ek 14 arasında verilmiştir. Bunlar,

- Ek 10, Düz geleneksel tip denge bacası için yazılmış program.
- Ek 11, Boğumlu (daralma-genişleme) tip denge bacası için yazılmış program. Bu program, boğum bölgesinde, tünel çapından küçük bir çapa daralma üzerine yazılmıştır.
- Ek 12, Boğumlu (genişleme-genişleme) tip denge bacası için yazılmış program. Bu program, boğum bölgesinde, tünel çapından daha büyük bir çapa genişleme üzerine yazılmıştır.
- Ek 13, Düz V tip denge bacası için yazılmış program.
- Ek 14, Ters V tip denge bacası için yazılmış program.
- Ek 15'de ise, bu programlarla elde edilen sonuçlar toplu

olarak verilmiştir.

Ek 15'de, sistemlerin çeşitli değerler için sonuçları incelenmiş ve bu sonuçlar çizelge haline getirilmiştir. Koyu olarak verilen değerler, rijit su sütunu yaklaşımı da dikkate alınarak, yapılacak karşılaştırmalarda kullanılacak değerlerdir. Bu değerlerin alınmasında, sistemde oluşan maksimum yükseklikler (uygulanabilirlik) ile minimum yükseklikler (emniyetle çalışma) dikkate alınmıştır. Böylece, sistem hesaplarının emniyet sınırları içinde kalması sağlanmıştır.

Elde edilen denge bacalarında oluşan salınımlar, Şekil 5.17'de görülmektedir.

Grafikler yorumlandığında aşağıdaki sonuçlar elde edilmiştir.

1- Düz V tipi denge bacasında, en düşük salınım yüksekliği oluşmaktadır.
2- Düz V tipi denge bacasında salınımların peryodunu tamamlama süresi diğerlerine göre gecikmektedir. Fakat bu gecikme miktarı çok fazla değildir.
3- Ters V tip denge bacasında, hızlı bir şekilde pik yükseklik oluşmasına rağmen, salınımların periyodunu tamamlama zamanı, rijit su sütunu teorisinde olduğu gibi, diğerlerine göre daha erken gerçekleşmektedir.
4- Boğumlu tip denge bacasında oluşan salınım yükseklikleri, rijit su sütunu yaklaşımında olduğu gibi, düz klasik tip denge bacasına göre daha az olmakla beraber, bu yükseklik farkları çok azdır. Grafikler, hemen hemen üst üste binmektedir.

Elde edilen minimum hacimlerin, denge bacası tiplerine göre gösterimi, Şekil 5.18'de verilmiştir. Grafikler yorumlandığında aşağıdaki sonuçlar elde edilmiştir.

1- Gerekli en düşük hacim gerektiren denge bacası tipi, yine rijit su sütunu yaklaşımında olduğu gibi, düz V tip denge bacasıdır.

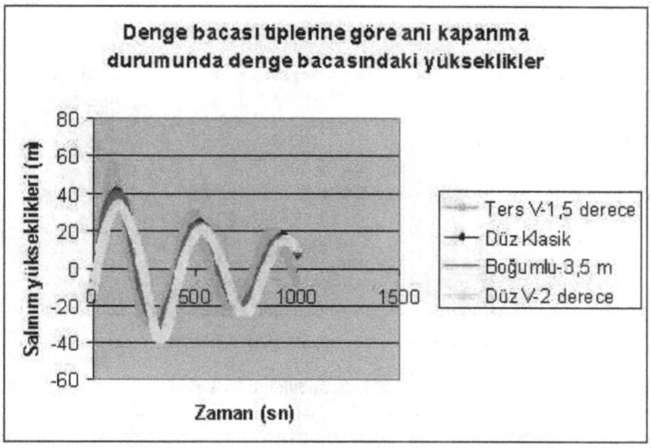

Şekil 5.17 Elastik su sütunu yaklaşımına göre ani kapanma durumunda denge bacalarındaki salınımların değişimi.

2- Boğumlu ile düz tip denge bacalarının, salınımları arasında çok az fark olmasına rağmen, boğumlu tip denge bacası daha az bir hacme gereksinim gösterir. Bunun nedenleri ise, boğumdan kaynaklanan sürtünme yükü ile birlikte salınım yüksekliğinde düşüş ve boğum bölgesi nedeniyle oluşan hacim azalmasıdır.

3- Ters V tip denge bacası en fazla hacim gereksinimi gösterir.

4- Çizelge 5.2'den de anlaşılacağı üzere, düz V tip denge bacası kullanımı ile en az %22,7'lik bir hacim kazancı oluşmaktadır. Diğer baca tiplerinde ise bu değer artmaktadır.

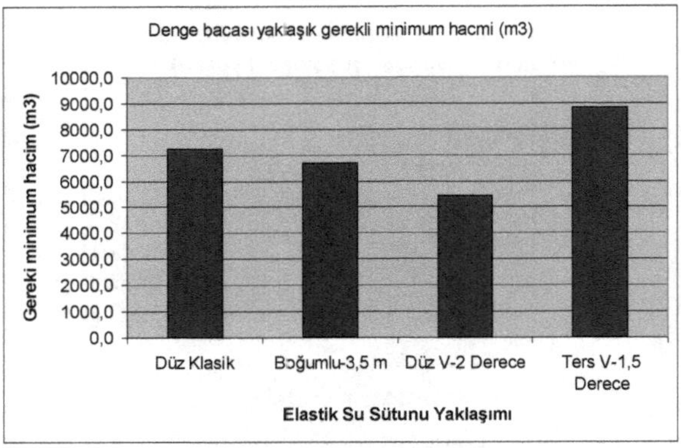

Şekil 5.18 Elastik su sütunu yaklaşımına göre elde edilen, minimum gerekli denge bacası hacimleri.

Çizelge 5.2 Elastik su sütunu yaklaşımıyla, düz V tipi denge bacasının hacminin 100 m^3 olması durumunda diğerlerinin hacmi.

Denge Bacası Şekli	Denge Bacası Yaklaşık Gerekli Minimum Hacmi (m^3)	Hacim Fazlalığı
Düz Klasik	7255,8	133,1
Boğumlu-3,7 m	6692,5	122,7
Ters V-1,5 Derece	8812,9	161,6

Bu verilerle elde edilen sonuçlar;

- Çizelge 5.3'den anlaşılacağı üzere, elastik yaklaşımın rijit yaklaşımla yaklaşık olarak aynı sonuçları verdiği,

- Yine Çizelge 5.3'den de anlaşılacağı üzere, incelenen 4 denge bacası formundan, 2 derecelik V tipi denge bacası formunun, hem rijit hem de elastik yaklaşıma göre, gerekli minimum denge bacası hacmi gereksinimi ile en ideal denge bacası formu olduğu görülmüştür.

Çizelge 5.3 Elde edilen denge bacası hacimleri.

Denge Bacası Şekli	Elastik Teoriye Göre Denge Bacası Gerekli Minimum Hacmi (m^3)	Rijit Teroriye Göre Denge Bacası Gerkeli Minimum Hacmi (m^3)	%Değişim (Rijit/Elastik)
Düz Klasik	7255,8	7216,1	99,5
Boğumlu-3,5 m	6692,5	6662,4	99,6
Düz V-2 Derece	5452,3	5406,2	99,2
Ters V-1,5 Derece	8812,9	8770,7	99,5

5.6.1 Denge bacasındaki sürtünmelerin ihmal edilmesi

Elastik su sütunu yaklaşımı ile yapılan hesaplarda, daha önce Gülhan (1984) yaptığı çalışmada denge bacasındaki sürtünmeleri ihmal etmiştir. Bu durum incelenecek olursa, eğer, sistemlerde denge bacasındaki sürtünmeler ihmal edilirse, Çizelge 5.4'de görüldüğü gibi, denge bacasındaki yüksekliklerde ve oluşan hacimlerde değişimler elde edilir. Bu değerler, denge bacası tipine göre yüksekliklerde % 1,5'e varan, hacimlerde % 0,6'ya varan farklar oluştuğunu göstermektedir. Bu durum, sürtünme etkilerinin göz önüne alınmasının hesaplarda önemli değişiklere neden olmadığı göstermektedir. Ancak, denge bacasındaki sürtünmelerin değeri artarsa sonuçların önemli derecede değişebileceği, bu nedenle doğru bir yaklaşım için hesaplarda sürtünme etkilerinin dikkate alınması gerekliliği ortaya çıkmaktadır.

Çizelge 5.4 Elastik su sütunu yaklaşımına göre sürtünmelerin dikkate alınması/alınmaması arasındaki farklar.

Denge Bacası Şekli	**D.B. Giriş Çapı (m)**	**D.B. Çıkış Çapı (m)**	**D. B. Maksimum Yükselme (m)**	**Yükseklikteki % Artış**	**D. B. Minimum Hacmi (m^3)**	**Hacimdeki % Artış**
Düz Klasik	9,0	9,0	41,112	100,0	7255,812	100,0
Düz Klasik (sürtünme ihmal)	9,0	9,0	41,368	100,6	7272,102	100,2
Boğumlu-3,5 m	3,5	9,0	40,740	100,0	6692,470	100,0
Boğumlu-3,5 m (sürtünme ihmal)	3,5	9,0	41,368	101,5	6732,402	100,6
Düz V-2 Derece	4,0	11,494	34,356	100,0	5452,294	100,0
Düz V-2 Derece (sürtünme ihmal)	4,0	11,497	34,386	100,1	5455,118	100,1
Ters V-1,5 Derece	12,5	5,750	55,944	100,0	8812,873	100,0
Ters V-1,5 Derece (sürtünme ihmal)	12,5	5,750	55,9442	100,0004	8812,878	100,00006

6. DENEYSEL YÖNTEM

Nümerik çalışma ile 2 derecelik düz V tipi denge bacasının en uygun çözüm olduğu saptanmıştır. Yapılan bu hesaplamaların deneysel çalışma ile kontrolü, ancak, sistemin modellenmesi ile gerçeklenebilecektir. Bu durumun gerçeklenebilmesi için, yapılan deney düzeneği sisteminin modelleme yöntemi, takip eden bölümde verilmiştir.

6.1 Modelleme Yaklaşımı

Yapılan hesaplar, gerçek bir sisteme yakın olarak alınan parametreler üzerinden gerçekleştirilmiştir. Ancak, bu hesapların doğruluğunun araştırılması, ancak deneylerle gerçekleştirilebilmektedir. Bu deneyler ise, sistemin benzeşim metotları ile küçük boyutlara indirilmesi ile sağlanır. Burada, bunun için aşağıda verilen modelleme yaklaşımı kullanılarak sistem model yaklaşımına indirgenmiştir.

Rijit su sütunu yaklaşımı ile daha önce tanımlanan eşitlikler aşağıdadır.

Dinamik denklem,

$$\frac{L}{g}\frac{dV}{dt}+\frac{V_s^2}{2.g}+z+F_s.V_s.|V_s|+F_t.V_t.|V_t|=0$$

Denge bacasındaki hız ifadesi, $V_s=\frac{dz}{dt}$

Süreklilik denklemi,

$$V_t.A_t = A_s.\frac{dz}{dt}+Q$$

olarak tanımlıdır.

Bu eşitlikler ile prototip ve model için aradaki benzeşimin sağlanması için (Escande, 1959),

$$\frac{L_p}{L_m}=\lambda \quad \frac{A_{tp}}{A_{tm}}=\varphi \quad \frac{A_{sp}}{A_{sm}}=\psi \quad \frac{z_p}{z_m}=\zeta \quad \frac{V_{tp}}{V_{tm}}=w$$

$$\frac{F_{tp}}{F_{tm}}=p \quad \frac{F_{sp}}{F_{sm}}=f \quad \frac{V_{sp}}{V_{sm}}=\eta \quad \frac{Q_p}{Q_m}=q \quad \frac{t_p}{t_m}=\tau$$

ölçekleri gereklidir. Bu ifadelerle, rijit yaklaşım denklemleri aşağıdaki beş koşulu verir.

$$\frac{\lambda.w}{\tau}=\zeta=p.w^2=f.\frac{\zeta^2}{\tau^2}=\eta^2$$

$$\varphi.w=\psi\frac{\zeta}{\tau}=q$$

Bu şartlar arasından dört tane ölçek keyfi olarak seçilebilir (Escande, 1959). Örneğin, bunlar, λ,φ,ψ,ξ olarak seçilebilir. Bu ifadelerle aşağıda sistem boyutları için benzeşim uygulanmıştır.

Geometrik benzeşim, prototipteki herhangi iki boyutun oranının, modeldeki herhangi iki boyutun oranına eşit olması demektedir. Bu ifadeden ve yukarıda verilen ifadelerden yola çıkılarak, aşağıda sistemin modele indirgenmesi için kullanılacak eşitlikler verilmiştir (Dönmezer, 1973).

Süreklilik ifadesinden, vananın ani kapatılması ile tüneldeki sıvı değişimi denge bacasındaki seviye değişimine eşit olacağından (Dönmezer, 1973; Douglas, 1986),

$$A_s.dy = A_t.V_t.dt \qquad (6.1)$$

ifadesi elde edilir.

Buradan,

$$dy = \frac{A_t.V_t.dt}{A_s} \qquad (6.2)$$

olarak bulunur.

Bu ifadenin elde edilişinden sonra, geometrik benzeşim ifadesi sisteme aşağıdaki gibi uygulanır (Dönmezer, 1973; Douglas, 1986).

$$\xi = \frac{A_s}{A_t} \qquad (6.3)$$

olmak üzere, (6.2) ifadesinde yerine konularak, çekilirse,

$$\xi = \frac{V}{dy}.dt \qquad (6.4)$$

ifadesi elde edilir.

Bu ifadeler, prototip (p) ve model (m) için yazılıp, taraf tarafa bölünürse aşağıdaki ifade bulunur.

$$\frac{\xi_p}{\xi_m} = \frac{V_p}{V_m} \cdot \frac{dt_p}{dt_m} \cdot \frac{dy_m}{dy_p} \quad (6.5)$$

Aynı zamanda, tünelde oluşan yük kaybı ifadesi, hızın karesi ile doğru orantılı olacağından, kararlı halde denge bacasındaki seviye düşmesi,

$$y = K.V^2 \quad (6.6)$$

ifadesi ile bulunur (K değeri, yük kaybının V^2 ile değişimi dışındaki parametreleri içerir).

Bu ifade de, prototip ve denge bacası için yazılırsa,

$$\frac{y_p}{y_m} = \frac{K_p}{K_m} \cdot \frac{V_p^2}{V_m^2} \quad (6.7)$$

ifadesi elde edilir. Bu ifade, diferansiyel denklemde eşit ölçekleri vermesi için,

$$\frac{l_p}{l_m} \cdot \frac{dV_p}{dV_m} \cdot \frac{dt_m}{dt_p} = \frac{l_p}{l_m} \cdot \frac{V_p}{V_m} \cdot \frac{t_m}{t_p} = \frac{K_p}{K_m} \cdot \frac{V_p^2}{V_m^2} \quad (6.8)$$

ifadeleri aynı ölçeğe sahip olmalıdır ve buradan,

$$\frac{t_p}{t_m} = \frac{l_p}{l_m} \cdot \frac{V_m}{V_p} \cdot \frac{K_m}{K_p} \quad (6.9)$$

ifadesi bulunur. (6.5) ifadesinde, (6.7) ve (6.9) yerine konursa,

$$\frac{\xi_p}{\xi_m} = \left(\frac{K_m}{K_p}\right)^2 \cdot \frac{l_p}{l_m} \cdot \left(\frac{V_m}{V_p}\right)^2 \tag{6.10}$$

ifadesi elde edilir.

Bu ifade ile, tüm prototip verilerine göre, modelde keyfi olarak seçilen verilerle, diğer istenen veriler elde edilir.

Yukarıda verilen bu ifadelerle prototip verileri kullanılmış ve model için denge bacası çapı dışındaki değerler için kabuller yapılmıştır. Daha sonra da, hesaplamalar, Excel ortamında gerçekleştirilmiş ve denge bacası çapı elde edilmiştir (Ek 16). Burada, denge bacası V tip olduğundan, giriş kesiti prototipte olduğu gibi tünel çapına eşit alınmıştır. Eğer, giriş çapı için de benzeşim kuralları uygulansaydı, model yaklaşımında denge bacasına giriş çapı küçülecekti. Böylece, model yaklaşım sisteminde, prototipde mevcut olmayan giriş kayıpları meydana gelecekti. Bunun önlenmesi için, denge bacası giriş çapı tünel çapına eşit alınmıştır. Diğer üst çap için ise, salınımların statik seviyedeki çap etrafında gerçekleşmesi nedeniyle, prototipte statik seviyedeki çap için model yaklaşımı uygulanarak sonuçlar elde edilmiştir. Statik seviye yüksekliği ise, denge bacası eğim açısı, denge bacası giriş ve çıkış çapı kullanılarak bulunmuştur.

6.2 Deney Sisteminin Oluşturulması

Ek 23'de elde edilen verilerle, deney sisteminin çizimi Şekil 6.1'de görüldüğü gibi gerçekleştirilmiştir.

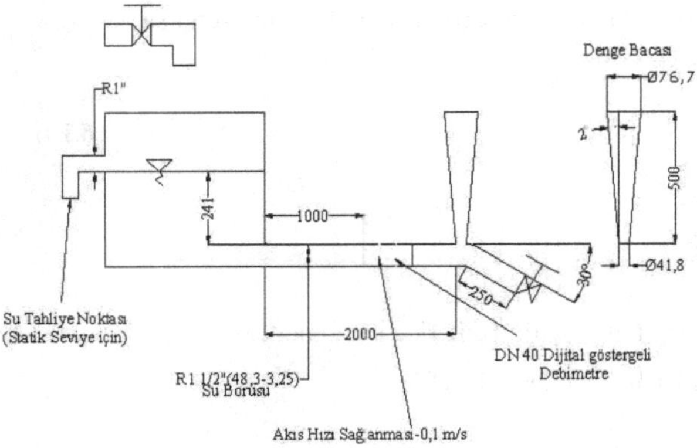

Şekil 6.1 Deney sisteminin şematik gösterimi (ölçüler milimetredir).

Bu çizimle, gerekli imalatlar yaptırılarak sistemin montajı yapılmıştır.

Şekil 6.2'de ise imal edilen sistem görülmektedir. Burada,

- Hazne olarak, bir çelik sacdan mamul varil kullanılmıştır.
- Tünel ve cebri borular, çelik su borularıdır.
- Denge bacası, çelik sacdan kıvrılarak imal edilmiştir.
- Tünelde istenen debi değerinin elde edilmesi için, bir küresel vana kullanılmıştır.
- Tünel üzerine, dijital göstergeli bir debimetre montajı yapılarak, debi değeri gözlenmiştir.
- Denge bacasındaki salınımların ölçülmesi, denge bacası içerisinde bir strafora monte edilmiş alüminyum çubuk ile sağlanmıştır. Bu alüminyum çubuğun hareketi, denge bacası üzerine monte edilmiş bir çelik cetvel üzerinden gözlenmiştir.

- Haznede statik seviyenin elde edilmesi, hazne arkasına açılmış 1" çapındaki taşma borusu ile sağlanılmıştır.

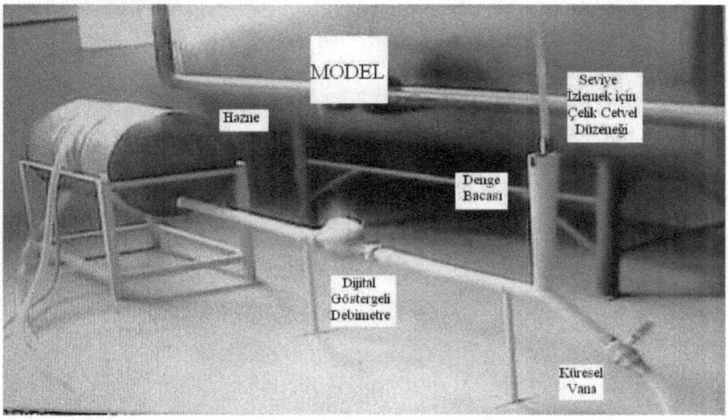

Şekil 6.2 Deney düzeneği.

6.3 Deneyin Gerçekleştirilmesi

Şekil 6.2'de görülen deney düzeneğinde, deneylerin gerçekleştirilmesi için önce zaman kavramının, benzeşimle model boyutlarına dönüştürülmesi gerekir. Bu nedenle, (6.9) numaralı eşitlikten model için zaman aralığı çekilirse,

$$t_m = \frac{t_p . l_m . V_p . K_p}{l_p . V_m . K_m} \qquad (6.11)$$

ifadesi elde edilir. Bu ifade ile elde edilmiş değerler, Çizelge 6.1'de verilmiştir (Prototip ve model için K değerleri eşit olarak alınmıştır).

Çizelge 6.1 Prototip zamanından model zamanına geçiş.

tp (sn)	0	125	165
tm (sn)	0	1,2	1,6

Aynı şekilde, denge bacasındaki salınımların dönüşümü ise, (6.7) ifadesi, (6.10) ifadesinde yerine konularak elde edilen, aşağıda verilen eşitlik kullanılarak gerçekleştirilmiştir. Yada (6.7) ifadesinden direkt çekilerek, başlangıç koşullarındaki hızların oranına göre denge bacasındaki değişimlerin dönüşümü bulunur.

$$y_p = \frac{y_m . l_p . \xi_m . K_m}{l_m . \xi_p . K_p} \quad \text{veya} \quad y_p = y_m . \frac{K_p}{K_m} . \frac{V_p^2}{V_m^2} \tag{6.12}$$

Bu zaman aralıkları kullanılarak aşağıdaki şekilde deneyler gerçekleştirilmiştir.

- Öncelikle, hazne su ile doldurularak statik seviye elde edilmiştir.
- Vana, tünelde istenen hız değeri olan 0,1 m/sn, tekabül eden 0,494 m^3/saat debi yaklaşık 0,5 m^3/saat olarak alınarak, Şekil 6.3'de görülen debimetrede elde edilene kadar kısılmıştır.

Şekil 6.3 Dijital göstergeli debimetre.

- Daha sonrasında, sistem bir süre bu şekilde çalıştırılarak, tünelde kararlı hal elde edilmiştir.
- Sistem bu şekilde kararlı hal koşulları altında, denge bacasındaki belirli yükseklik altında vana kapatılarak denge bacasında salınımlar oluşturulmuştur. Bu kapama zamanları, ani kapama, 125 sn'lik bir zaman dilimine tekabül eden yaklaşık 1,2 sn'lik kapama ve de 165 sn'lik zaman dilimine tekabül eden 1,6 sn'lik kapama olarak gerçekleştirilmiştir.
- Denge bacasındaki salınımlar, çelik cetvel üzerinde hareket eden, denge bacası üzerindeki bir strafora monte alüminyum çubuk yardımıyla gözlenmiştir (Şekil 6.4). Bu hareketler, çok küçük zaman dilimlerinde olduğundan, kameraya alınarak incelemeler gerçekleştirilmiştir.
- Daha sonrasında kameradan okunan değerlerin grafikleri oluşturulmuştur.

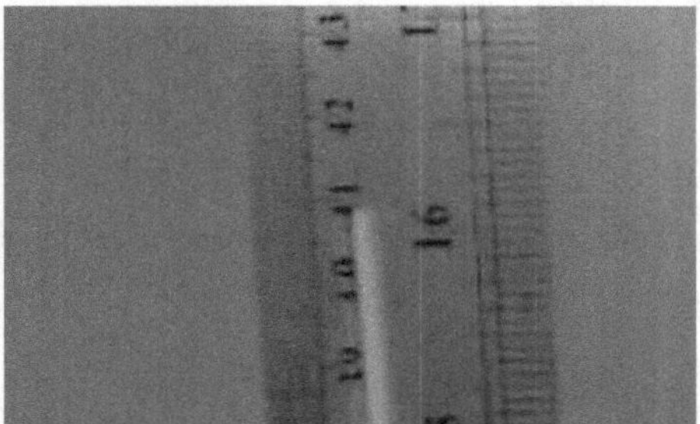

Şekil 6.4 Salınımların gözlendiği çelik cetvel ve alüminyum çubuk düzeneği.

Yukarıda verildiği şekilde elde edilen değerlerle, ani kapanma durumu için Şekil 6.5'de, 1,2 sn'lik kapama durumu için Şekil 6.6'de ve 1,6 sn'lik kapama zamanı için Şekil 6.7'de grafikler verilmiştir.

Tüm grafikler, incelendiğinde, sinüzoidal bir salınım gösterdiği görülmektedir.

Daha sonrasında elde edilen bu grafiklerdeki veriler, bir sonraki bölümde nümerik hesaplarla yapılan karşılaştırmalarda, benzeşim yöntemi kullanılarak yapılmış dönüşümlerle kullanılmıştır.

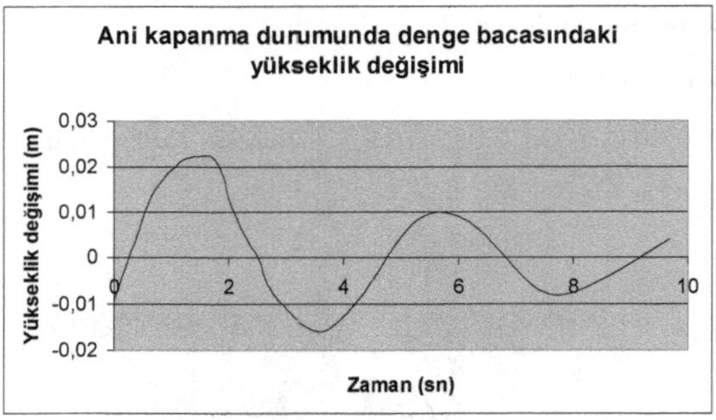

Şekil 6.5 Ani kapanma durumunda denge bacasında elde edilen salınımlar (deneysel).

6.4 Deneydeki Belirsizlikler

Yapılan deney sonuçlarını etkileyen nedenler, deneydeki belirsizliklerdir. Bunun nedeni ise, deney koşullarının mükemmel bir şekilde gerçekleştirilememesidir. Yapılan deneydeki belirsizlikler,

- Statik seviyedeki belirsizlik; haznede bulunan taşma borusunda milimetreler cinsinden farklılıkların meydana gelmesi.

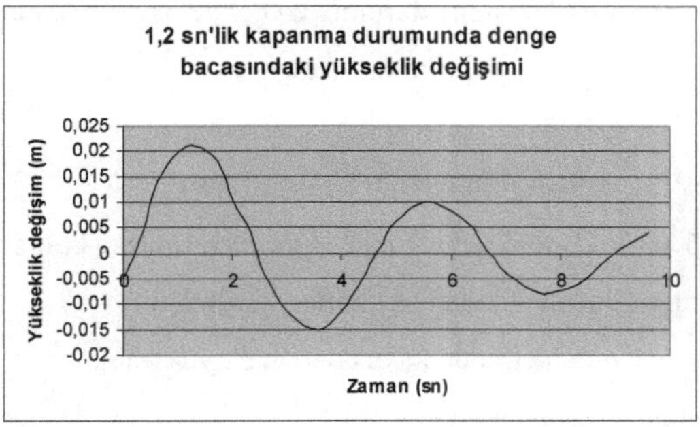

Şekil 6.6 1,2 sn'lik kapanma durumunda denge bacasında elde edilen salınımlar (deneysel).

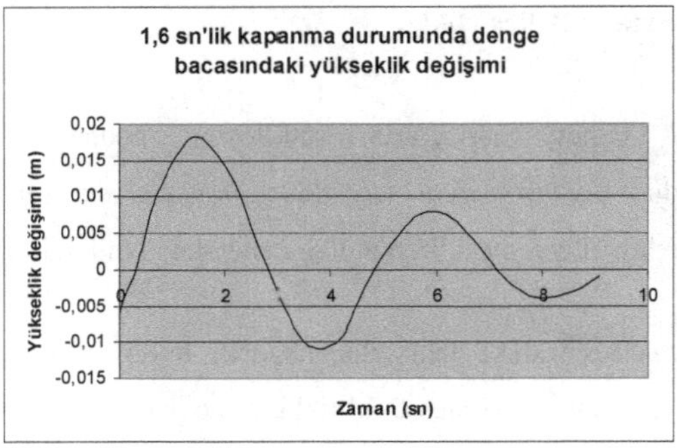

Şekil 6.7 1,6 sn'lik kapanma durumunda denge bacasında elde edilen salınımlar (deneysel).

- Debimetrenin sahip olduğu belirsizlikler;
  1. 0,5 m^3/saat debi değeri için, debi değerindeki belirsizliğin ±%5 olduğu, imalatçı firma tarafından verilmiştir.
  2. Ayrıca, debimetreden kaynaklanan ek yük kabı.
- Denge bacasındaki belirsizlik;
  1. Denge bacasındaki salınımların, bir strafor üzerine monte edilmiş alüminyum çubuk üzerinden okunması ve bu sistemin oluşturduğu ilave yükler (hesaplamalarda ihmal edilmiştir),
  2. Çelik cetvel üzerindeki bölüntülerin milimetre üzerinden olması,
- Vana kapamalarının insan eli ile yapılması nedeni ile oluşan belirsizlikler, olarak özetlenebilir.

Bu belirsizlikler nedeni ile teorik ve gerçek arasında sapmalar yaşanır.

7. SONUÇLARIN KARŞILAŞTIRILMASI

Yapılan deney sonucunda, veriler iki şekilde karşılaştırılabilecektir. Bunlardan birincisi, deney sisteminin gerçek boyutları üzerinden yapılan hesapların karşılaştırılması (deneysel ve nümerik), diğeri ise benzeşim yöntemi ile yapılan verilerin dönüşümü sonucu elde edilen değerlerin karşılaştırılmasıdır (deneysel ve nümerik). Bu iki tip karşılaştırma aşağıda detaylı olarak irdelenmiştir.

7.1 Deney Sistemi için Sonuçların Karşılaştırılması

Deney düzeneğinin gerçek boyutları için rijit yaklaşıma göre yapılmış hesaplar, Ek 17'de verilen Matlab programlama dilinde yazılmış program ile gerçekleştirilmiştir. Elastik yaklaşıma göre hesaplar ise Matlab programlama dilinde yazılmış Ek 18'deki program ile gerçekleştirilmiştir. Ek 17'deki program için zaman aralığı 0,01 sn olarak alınmış (daha düşük zaman aralıklarında sonuçlarda önemli değişiklikler olmadığı görülmüştür), Ek 18'deki bilgisayar programında ise bilgisayarın program için çok uzun süre çalışması ve bellek problemi nedeniyle ilk tünel parçası 9 parçaya bölünerek hesaplar yapılmıştır (bu bölüm sayısı ile 111213 adet zaman aralığı için iterasyon gerçekleştirilmiştir.) ve böylece cebri boru 3 parçaya bölünmüştür. Bu hesaplamalar sonucu, elde edilen verilerin deneysel veriler ile karşılaştırılmış hali ise ani kapanma durumu için Şekil 7.1'de, 1,2 sn'lik kapanma durumu için Şekil 7.2'de, 1,6 sn'lik kapanma durumu için Şekil 7.3'de verilmiştir.

- Ani kapanma durumu için,

1. Deneysel verilerle elde sonuçlarda, maksimum yükseklik rijit ve elastik yaklaşımla elde edilen değerlere çok yakın olarak gerçekleşmiştir. Salınımların ilk yarım periyodu, rijit ve elastik yaklaşımla aynı şekilde davranmaktadır.
2. Deneysel verilerin, ikinci ve daha sonrasındaki periyotlarındaki, salınım genlikleri (maksimum ve minimum) yükseklikleri, yaklaşımlar kapsamında elde edilen verilerden daha küçük olarak oluşmaktadır. Bunun nedeni ise, daha önce bahsedilen deney belirsizlikleridir.

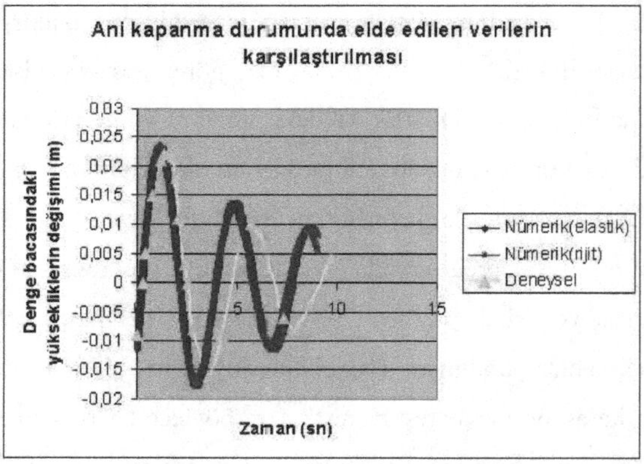

Şekil 7.1 Deney düzeneği için ani kapanma durumunda teorik ve deneysel verilerin karşılaştırılması.

3. Deneysel verilerde, yaklaşımlara göre salınım hızında bir gecikme meydana gelmektedir. Yine, bu durumun oluşmasına deney belirsizlikleri neden olmaktadır.

- 1,2 sn'lik kapanma durumu için,

1. Yine, deneysel verilerle elde sonuçlarda, maksimum yükseklik rijit ve elastik yaklaşımla elde edilen değerlere çok yakın olarak gerçekleşmiştir. Deneysel salınımlar, rijit ve elastik olarak elde edilen salınımlara benzerdir.

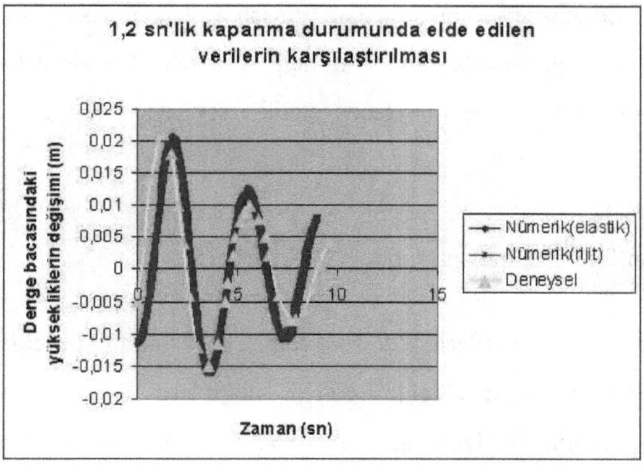

Şekil 7.2 Deney düzeneği için 1,2 sn'lik kapanma durumunda teorik ve deneysel verilerin karşılaştırılması.

2. Yine deneysel verilerin, ikinci ve daha sonrasındaki periyotlarındaki, salınım genlikleri (maksimum ve minimum) yükseklikleri,

yaklaşımlar kapsamında elde edilen verilerden daha küçük olarak oluşmaktadır. Bunun nedeni ise, yine daha önce bahsedilen deney belirsizlikleridir.

3. Deneysel verilerde, teoriye göre salınım hızında, ilk maksimuma hızlı bir hareket (bu durumun, vananın insan eli ile kapatılmasından kaynaklanabileceği tahmin edilmektedir.), daha sonrasında ise ikinci ve üçüncü yarım peryodlarda rijit ve elastiğe yakın bir salınım meydana gelmektedir.
4. Kararlı hal koşulları için deneysel olarak elde edilen başlangıçtaki statik seviyeden olan fark, nümerik yaklaşımlardan elde edilen değerden farklıdır. Bunun nedeni, vananın insan eli ile kapanması sırasında, hazneye olan su akışının insan eli kapanması ve bu nedenle zamanla kapanma söz konusu olduğu için, cebri boruda debi akışının devam etmesi ve böylece statik seviyede oluşan düşüşten kaynaklanmaktadır.

- 1,6 sn'lik kapanma durumu için,

1. Yine, deneysel verilerle elde sonuçlarda, maksimum yükseklik rijit ve elastik yaklaşımla elde edilen değerlere çok yakın olarak gerçekleşmiştir. Deneysel salınımlar, rijit ve elastik olarak elde edilen salınımlara benzerdir.
2. Yine, deneysel verilerin, ikinci ve daha sonrasındaki periyotlarındaki, salınım genlikleri (maksimum ve minimum) yükseklikleri, yaklaşımlar kapsamında elde edilen verilerden daha küçük olarak oluşmaktadır. Bunun nedeni ise, yine daha önce bahsedilen deney belirsizlikleridir.

3. Deneysel verilerde, teoriye göre salınım hızında, ilk maksimuma hızlı bir hareket (yine bu durumun, vananın insan eli ile kapatılmasından kaynaklanabileceği tahmin edilmektedir), daha sonrasında ise rijit ve elastiğe yakın bir salınım peryodu meydana gelmektedir.
4. Yine, kararlı hal koşulları için deneysel olarak elde edilen başlangıçtaki statik seviyeden olan fark, nümerik yaklaşımlardan elde edilen değerden farklıdır. Yine bunun nedeni, vananın insan eli ile kapanması sırasında, hazneye olan su akışının kapanması ve bu nedenle zamanla kapanma söz konusu olduğu için statik seviyede oluşan düşüşten kaynaklanmaktadır.

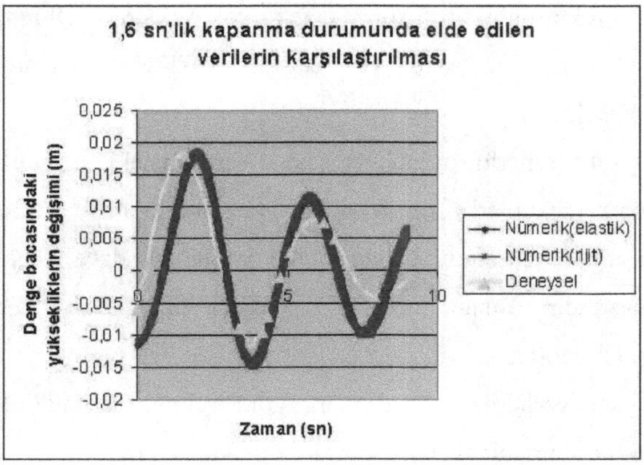

Şekil 7.3 Deney düzeneği için 1,6 sn'lik kapanma durumunda teorik ve deneysel verilerin karşılaştırılması.

7.2 Benzeşim Yöntemine Göre Sonuçların Karşılaştırılması

Nümerik yöntemlerle, rijit ve elastik su sütunu yaklaşımına göre elde edilen verilerin, deneysel verilerin dönüşümü ile elde edilmiş verilerle karşılaştırılmış hali, ani kapanma durumu için Şekil 7.4'de, 125 sn'lik kapanma durumu için Şekil 7.5'de ve 165 sn'lik kapanma durumu için Şekil 7.6'de verilmiştir. Grafiklerin yorumlanmasından aşağıdaki sonuçlar elde edilmiştir.

- Ani kapanma durumu için,

1. Deneysel verilerle elde sonuçlarda, maksimum yükseklik rijit ve elastik yaklaşımla elde edilen değere çok yakındır. Salınımların ilk yarım periyodu, rijit ve elastik yaklaşımla aynı şekilde davranmaktadır.
2. Deneysel verilerin, ikinci ve daha sonrasındaki periyotlarındaki, salınım genlikleri (maksimum ve minimum) yükseklikleri, yaklaşımlar kapsamında elde edilen verilerden daha küçük olarak oluşmaktadır. Bunun nedeni ise, daha önce bahsedilen deney belirsizlikleridir.
3. Deneysel verilerde, yaklaşımlara göre salınım hızında ilk yarım peryottan sonra bir gecikme meydana gelmektedir.

- 125 sn'lik kapanma durumu için,

1. Deneysel verilerle elde edilen sonuçlarda, maksimum yükseklik, rijit ve elastik yaklaşımla elde edilen yüksekliklere yakın olarak elde

edilmiştir. Deneysel salınımlar, rijit ve elastik olarak elde edilen salınımlara benzerdir.

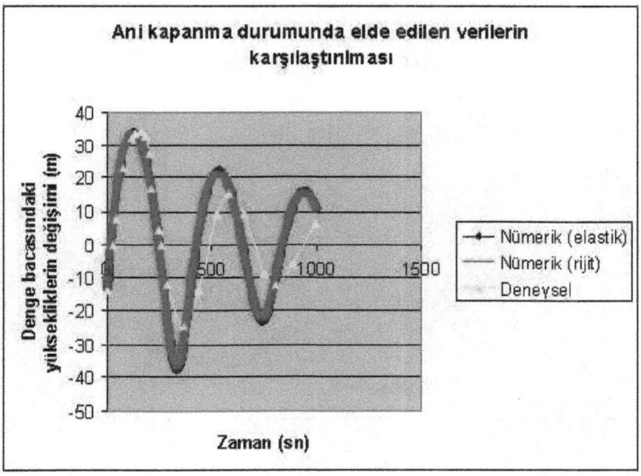

Şekil 7.4 Ani kapanma durumunda teorik ve deneysel verilerin karşılaştırılması.

2. Yine, deneysel verilerin, ikinci ve daha sonrasındaki periyotlarındaki, salınım genlikleri (maksimum ve minimum) yükseklikleri, yaklaşımlar kapsamında elde edilen verilerden daha küçük olarak oluşmaktadır. Bunun nedeni ise, yine daha önce bahsedilen deney belirsizlikleridir.
3. Deneysel verilerde, teoriye göre salınım hızında, ilk maksimuma hızlı bir hareket (bu durumun, vananın insan eli ile kapatılmasından kaynaklanabileceği tahmin edilmektedir.), daha sonrasında ise ikinci

ve üçüncü yarım peryotta rijit ve elastiğe yakın bir salınım meydana gelmektedir.

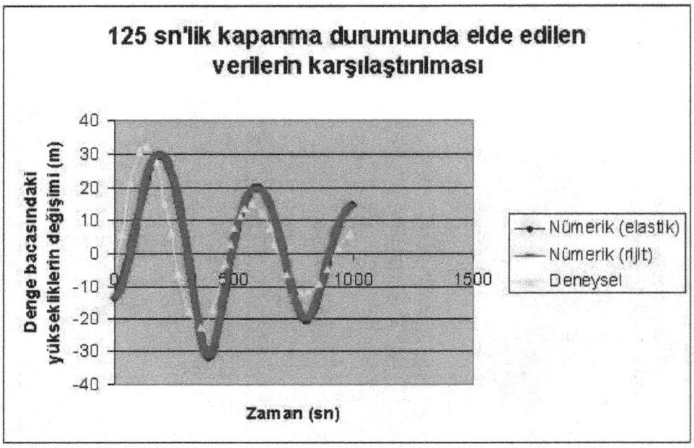

Şekil 7.5 125 sn'lik kapanma durumunda, teorik ve deneysel verilerin karşılaştırılması.

- 165 sn'lik kapanma durumu için,

1. Deneysel verilerle elde sonuçlarda, maksimum yükseklik, yine, rijit ve elastik yaklaşımla elde edilen yüksekliğe yakın bir değer olarak elde edilmiştir.
2. Yine, deneysel verilerin, ikinci ve daha sonrasındaki periyotlarındaki, salınım genlikleri (maksimum ve minimum) yükseklikleri, yaklaşımlar kapsamında elde edilen verilerden daha küçük olarak oluşmaktadır. Bunun nedeni ise, yine daha önce bahsedilen deney belirsizlikleridir.

3. Deneysel verilerde, teoriye göre salınım hızında, ilk maksimuma hızlı bir hareket (yine bu durumun, vananın insan eli ile kapatılmasından kaynaklanabileceği tahmin edilmektedir), daha sonrasında ise rijit ve elastiğe yakın bir salınım peryodu meydana gelmektedir.

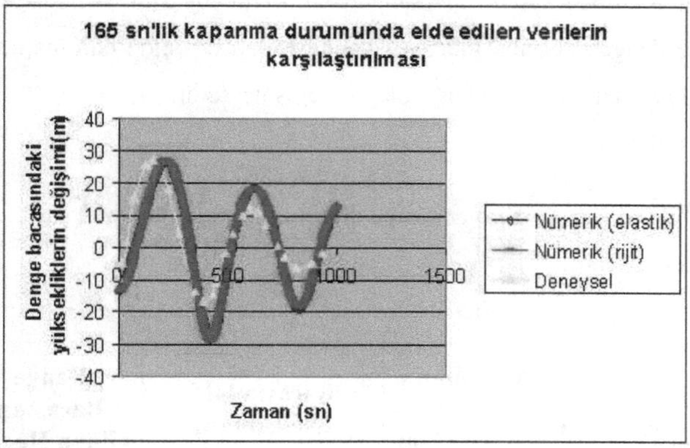

Şekil 7.6 165 sn'lik kapanma durumunda, teorik ve deneysel verilerin karşılaştırılması.

8. DENGE BACASI FORMLARININ İRDELENMESİ

Yukarıda seçilen formlar için yapılan hesaplar sonucunda, düz V tip denge bacası formunun optimum form olduğu bulunmuştur. Burada ise bu formun neden optimum çıktığı üzerinde durulacaktır. Bu nedenle, öncelikle Çizelge 8.1 ve 8.2'de görülen, ani kapanma durumunda rijit ve elastik yaklaşıma göre denge bacasına giden su hacmi miktarları elde edilmiştir. Bu miktarlar, denge bacası tipine bağlı olarak değişmektedir.

Çizelge 8.1 Rijit yaklaşıma göre ani kapanma durumunda denge bacasına giden hacim miktarı.

Denge Bacası Şekli	Açı	Kararlı Hal Kesit Çapı (m)	Maksimum Nokta Kesit Çapı (m)	Denge Bacasındaki Maksimum Yükselme Miktarı (m)	Denge Bacasına Giden Hacim (m^3)
Düz Klasik		9,0	9,0	40,638	3442,0
Boğumlu		9,0	9,0	40,267	3427,9
Düz V	2,0	8,143	11,476	33,911	3626,9
Ters V	1,5	9,393	5,865	54,344	3161,6

Bu değerler incelenecek olursa, kararlı hal kesit noktasından sonra suyun hareket ettiği kesitin, denge bacasına giden debi üzerinde etkili olduğudur. Burada, bir musluk benzetmesi yapılacak olursa, V tip denge bacasındaki kesit giderek artmakta olduğundan giden debi diğerlerine göre daha fazla, ters V tip denge bacasında kesit giderek azalmakta ve denge bacasına giden debi daha az olarak gerçekleşmektedir.

Çizelge 8.2 Elastik yaklaşıma göre ani kapanma durumunda denge bacasına giden hacim miktarı.

Denge Bacası Şekli	Açı	Kararlı Hal Kesit Çapı (m)	Maksimum Nokta Kesit Çapı (m)	Denge Bacasındaki Maksimum Yükselme Miktarı (m)	Denge Bacasına Giden Hacim (m^3)
Düz Klasik		9,0	9,0	41,112	3481,7
Boğumlu		9,0	9,0	40,740	3458,01
Düz V	2,0	8,143	11,494	34,356	3667,9
Ters V	1,5	9,393	5,750	55,944	3192,02

Ancak, bu giden hacim değerleri arasındaki farklar çok büyük değildir. Bunun anlamı da, başlangıçta su hareketinin olduğu kararlı hal kesit noktası ile maksimum kesit noktası arasındaki oluşan hacim miktarının optimum denge bacası formu üzerine etkisi, kararlı hal kesit noktası aşağısındaki hacimden daha azdır. Bu sonuçla, kararlı hal kesit noktası altındaki hacmin optimum form üzerindeki etkisi daha büyüktür. Normal koşullarda da her zaman bu kesit formları arasından, kararlı hal kesit noktası aşağısındaki en küçük hacim, düz V tip denge bacası formuna ait olduğu için, en küçük hacim gereksinimini düz V tip denge bacası formu gösterir.

Ayrıca, yukarıda bahsedilen kriterler ile daha sonraki araştırmalar için, kararlı hal kesitinden önce dar kesitli denge bacası formları ve kararlı hal kesitinden sonra ise daha geniş kesitli denge bacası formlarına sahip değişik denge bacası formları üzerine araştırma yapılması tavsiye edilir.

Burada, kesit artışı ile denge bacasına giden debinin, denge bacasındaki sürtünme kuvvetleri nedeniyle denge bacasına giden debideki azalış ve kararlı hal kesit noktası altında oluşan denge bacası hacmi ile birlikte değerlendirilerek, optimum denge bacası kesitinin belirlenmesi gerekmektedir.

9. DEĞERLENDİRME

Hidroelektrik enerji tesislerinde, su darbelerinin etkisinin azaltılması için kullanılan, denge bacaları üzerine yapılan bu çalışma ile,

1. Deneysel sonuçların, deney düzeneği ölçüleri ve benzeşim yöntemi ile yapılan dönüşümlerle prototip ölçüleri için rijit ve elastik su sütunu yaklaşımına göre yapılan hesaplarla elde edilen verileri desteklediği,
2. Rijit ve elastik yaklaşımla yapılan hesaplamalarda elde edilen salınımların, deneysel olarak elde edilen salınımlara yakın salınımlar olduğu,
3. Elastik su sütunu yaklaşımına göre elde edilen gerekli minimum denge bacası hacimlerinden, rijit su sütunu yaklaşımına göre elde edilen minimum denge bacası hacimlerinin daha düşük olarak elde edildiği ve bu nedenle hesapların elastik yaklaşıma göre gerçekleştirilmesi gerektiği, güvenli sınır içinde kalınması açısından gerekli olduğu (ΔV'ler yöntemi için),
4. İncelenen baca tiplerinden, V tipi denge bacasının, salınımları minimum hacimli denge bacası ile sönümlediği için ideal bir form olduğu (baca tiplerine bağlı olarak değişmekle beraber, rijit ve elastik yaklaşıma göre en az %23'lük bir hacim kazancı oluşmuştur),
5. (4.16) ifadesinden anlaşıldığı üzere rijit su sütunu yaklaşımında, denge bacasındaki tüm kayıplarla beraber hız yükü ifadesininde hesaba katılması gerektiği, ancak bu sürtünme kuvvetlerinin ve hız yüklerinin değerine bağlı olarak hesaplarda ihmal edilebileceği,

6. Denge bacası formunun seçiminde, minimum hacimle, denge bacasında oluşan seviye yükselmesini minimum olarak elde etmek için, kararlı hal kesit noktası üzerinde kesit alanı daha büyük, kararlı hal kesit noktası altında ise kesit alanı daha küçük form seçilmesi gerektiği (dolayısıyla hacimler),

görülmüştür.

Hidroelektrik enerji tesislerindeki optimum denge bacası formunu saptamayı amaçlayan bu çalışmada; denge bacasının sürtünmeli ve sürtünmesiz, su sütununun rijit ve elastik olması durumları için problemin diferansiyel denklemleri nümerik olarak çözülerek optimum form bulunmuş ve daha sonra bu formun model yaklaşım sisteminin deneyleri yapılmıştır. Burada, hem deney düzeneği ölçüleri için hem de prototip ölçüleri için model yaklaşımı ile dönüştürülerek elde edilen sonuçlar karşılaştırılmış ve birbirlerini desteklediği görülmüştür. Buradan hareketle, denge bacalı hidroelektrik tesisin modelini oluşturulmasında bu çalışma kapsamında kullanılan model yaklaşımının doğru sonuçlar verdiği ve kullanılabileceği sonucuna ulaşılabilmektedir. Sonuç olarak; incelenen sistem için 2 derece eğimli düz V tipi denge bacası formu optimum olarak elde edilmiştir.

Ayrıca, gelecekteki çalışmalar için önerilecek diğer bir araştırma ise, bu bulunan V tipi denge bacası formunun deprem yönetmeliğine göre araştırılması ve uygulanabilirliğinin desteklenmesidir.

Belirli ölçülere sahip denge bacalı hidroelektrik tesis için yapılan bu çalışmada elde edilen genel sonuç; ani debi gereksinimini sağlamak şartıyla statik su seviyesi altında kalan hacmin küçük, statik su seviyesi üstünde kalan hacmin büyük olduğu denge bacalarının optimum denge bacası formu olduğudur.

KAYNAKLAR DİZİNİ

Şen, Ç., 2003, Gökçeada'nın Elektrik Enerjisi İhtiyacının Rüzgar Enerjisi ile Karşılanması, DEÜ, Yüksek Lisans Tezi, İzmir, 128s.

Gülhan, A., 1984, Türbin ve Regülasyon Karakteristikleri Göz Önüne Alınarak Hidrolik Tesislerde Su Darbesinin Etüdü, İTÜ, Yüksek Lisans Tezi, İstanbul, 63s.

Yüksel, Y., 2000, Akışkanlar Mekaniği ve Hidrolik, Beta Yayınları, İstanbul, s.859-899.

Öziş, Ü., Baran, T., Harmancıoğlu, N., Benzeden, E., Türkman, F., Dalkılıç, Y., Şeker, Ş., Özdemir, Y., 1999, Türkiye'de Su Kuvvetinden Enerji Üretimi, İzmir Su Kongresi, s.425-441.

Hager, W.H., 2001, Swiss Contribution to Water Hammer Theory, Journal of Hydraulic Research, Vol. 39, s.3-10.

Fox, J.A., 1989, Transient Flow in Pipes, Open Channels and Sewers, Ellis Horwood Limited, England, 284s.

Pearsall, I.S., 1962, A Survey of Surge Tank Design Theories, National Engineering Laboratory, NEL Report No 56, England, 61s.

Pickford, J., 1969, Analysis of Water Surge, Gordon and Breach Science Publishers, New York, 203s.

Selek, B., 1993, Hidroelektrik Tesislerde Denge Bacası Salınımı ve Su Darbesinin Bilgisayar ile Hesabı, Çukurova Üniversitesi, Yüksek Lisans Tezi, Adana, 108s.

Ünsal, İ., 1978, Değişken Akımların Hidroliği, Matbaa Teknisyenleri Basımevi, İstanbul, s61-130.

Şahingöz, M., 1999, Değişik Geometrili Denge Bacalarında Oluşan Kütle Halindeki Salınımların Farklı Sınır Şartlarıyla Bilgisayar Kullanılarak Hesaplanması, DEÜ, Hidroloji ve Su Yapıları Bitirme Projesi, İzmir, 58s.

Durak, Y., 1997, Basit ve Boğuntulu Denge Bacalarında Oluşan Kütle Halindeki Salınımların Yaklaşık Yöntemlerle Belirlenmesi, DEÜ, Hidroloji ve Su Yapıları Bitirme Projesi, İzmir, 29s.

Kurt, K., 1996, Boğuntulu (Orifisli) Denge Bacalarında Değişik Çözüm Yöntemleriyle Hesaplanan Salınım Değerlerinin Karşılaştırılması, DEÜ, Hidroloji ve Su Yapıları Bitirme Projesi, İzmir, 42s.

Türkoğlu, F., 1996, Denge Bacalarında Basit Aritmetik Yöntem ve Escand Yöntemleri ile Hesaplanan Salınım Değerlerinin Karşılaştırılması, DEÜ, Hidroloji ve Su Yapıları Bitirme Projesi, İzmir, 43s.

Özbarlas, A.C., 1994, Denge Bacalarının Kütle Halindeki Salınım Teorisi ve Yaklaşık Hesap Yöntemleri, DEÜ, Hidroloji Diploma Çalışması, İzmir, 35s.

KAYNAKLAR (devam)

Tiryaki, Y., 1989, Vananın Tedrici olarak Kapatılması Halinde Kuyu Tipi Denge Bacalarında Oluşan Kütle Halindeki Salınımların Deneysel Olarak Belirlenmesi ve Sonuçların Teoriyle Karşılaştırılması, DEÜ, Hidroloji ve Su Yapıları Diploma Çalışması, İzmir, 65s.

Çelik, A., ve Rakanoğlu, M., 1986, Vananın Ani ve Tam Açılması Halinde Kuyu Tipi Denge Bacalarında Oluşan Kütle Halindeki Salınımların Deneysel Olarak Belirlenmesi ve Sonuçların Teoriyle Karşılaştırılması, DEÜ, Hidroloji ve Su Yapıları Diploma Çalışması, İzmir, 59s.

Demirci, N. ve Aksu, H., 1985, Vananın Ani ve Tam Kapanması Halinde Kuyu Tipi Denge Bacalarında Oluşan Kütle Halindeki Salınımların Deneysel Olarak Belirlenmesi ve Sonuçların Teoriyle Karşılaştırılması, DEÜ, Hidroloji ve Su Yapıları Diploma Çalışması, İzmir, 43s.

Özdamar, A., 2001, Rüzgar Enerjisi ve Rüzgar Türbinlerine Genel Bakış, Yenilenebilir Enerji Kaynakları Sempozyumu Bildiriler Kitabı, İzmir, s.242-254.

Gürtay, H., 1985, Boru Hattı Düzenlerinde Sayısal Yolla Su Darbesi Çözümlenmesi, İTÜ, Yüksek Lisans Tezi, İstanbul, 83s.

Dikkaya, Ö., 1997, Suda Koç Darbesi, Tesisat Dergisi, Sayı 29, s.299-302.

KAYNAKLAR (devam)

Edis, K., 1972, Uygulamalı Akışkanlar Mekaniği, İTÜ, İstanbul, s.553-612.

Schleiermacher, E., 1967, Su Kuvvetleri Tesisleri İnşaat ve Proje Esasları, İTÜ, İstanbul, 287s.

Selek, B., Kirkgöz, M.S. ve Selek, Z., 2004,Comparison of Computed Water Hammer Presures with Test Results for Çatalan Power Plant in Turkey, NRC Research Pres, Canada, s.78-85

Taner, N., 1966, Hidrolik-Cilt 1, İTÜ, 444s.

Taner, N., 1973, Hidrolik-Cilt 2, İTÜ, s.471-524.

Özgür, C., 1980, Deneysel Hidromekanik, İTÜ, İstanbul, 406s.

Özgür, C., 1972, Pratik Hidrolik Problemleri, İTÜ, İstanbul, 318s.

Streeter, V.L., 1966, Fluid Mechanics, McGraw-Hill, USA, 705s.

Sümer, B.M., Ünsal, İ. ve Bayazıt, M., 1983, Hidrolik, Birsen Yayınevi, İstanbul, 325s.

White, M.F., 2005, Akışkanlar Mekaniği, (Çev. K. Kırkköprü, E. Ayder), Literatür Yayınları, İstanbul, s.454-464.

KAYNAKLAR (devam)

Escande, L., 1959, Hidrodinamik Benzeşim ve Hidrolik Meselelerinin Modeller Üzerine Etüdü, (Çev. F. Şentürk), DSİ Yayınları, Ankara, 65s.

Douglas, J.F., 1986, Solving Problems in Fluid Mechanics, ELBS with Longman, England, Volume 2, 264s.

Dönmezer, H., 1973, Teorik ve Pratik Hidrolik, Matbaa Teknisyenleri Basımevi, İstanbul, s.320-359.

Topkaya, H., 1978, Mukavemet-Elastik Cisimlerin Statiği, Güven Kitapevi, Ankara, 318s.

Anonim, 2006a, http://library.advanced.org/17658/hydro/hydhistoryht.html)

Anonim, 2006b, (www.rit.edu/~rfaite/courses/tflab/Cussons/**pipe**/**pipe**.htm)

Anonim, 2006c, http://www.engineeringtoolbox.com/water-dynamic-kinematic-viscosity-d_596.html

Anonim, 2006d, Fluent 6.1 Bilgisayar Programı Manueli.

Ek 1. Moody diyagramı (Anonim, 2006b).

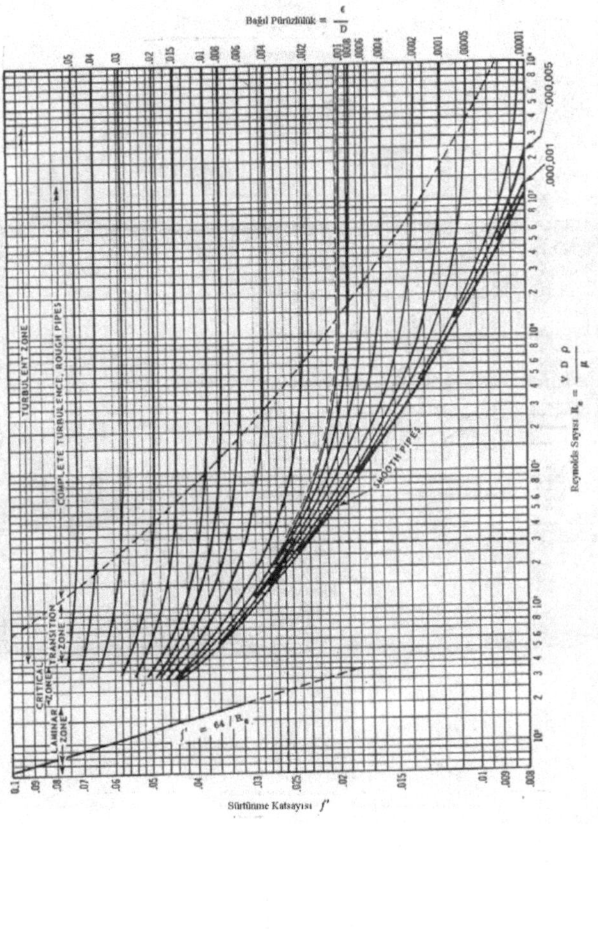

Ek 2. Rijit su sütunu yaklaşımına göre çözüm için akış diyagramı.

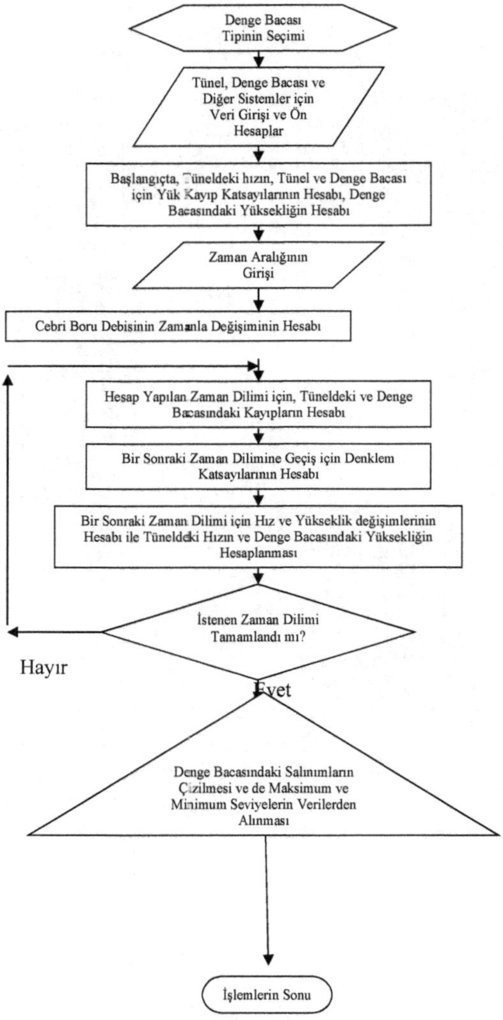

Ek 3. Rijit yaklaşıma göre düz geleneksel tip denge bacası için yazılmış bilgisayar programı.

```
% Düz tip denge bacası--------------------------------
Clear all
g=9.81;     % Yerçekimi ivmesi
DTC=4;        % Tünelin Çapı
L=8000;  % Tünelin Uzunluğu
Q0=49;        % Tüneldeki Debi
HG=75;

%- ön hesaplar---------------------------------------

DDC1=9;  % Denge bacasının çapı
AT=pi*DTC^2/4;       % Tünelin kesit alanı
ADB1=pi*DDC1^2/4; % Denge bacası alanı

% Başlangıç koşulları--------------------------------

V(1)=Q0/AT;          % Tüneldeki kararlı hal hızı T=0 anı
Re1=abs(V(1))*DTC*998.2*1000/1.002; %Başlangıçta tünel için
Reynolds sayısı-(ortalama hız alınamadığından başlangıçtaki hız alınarak
Reynolds bulunmuştur)
if Re1==0
  f1=0;
else
f1=0.0782*Re1^(-0.1337);    %E/D=0,0000125 için
end
```

```
KT=f1*L/(2*g*DTC);          % Tünel boru kayıp katsayısı
KC=0.5/(2*g);               % Hazne çıkış kayıp katsayısı

T=0;                        % T=0 anı için işlemler

z(1)=-(KT+KC)*V(1)^2;  % Kararlı halde denge bacasında statik seviyeye
      olan fark
QM(1)=Q0;                   % Başlangıçta debi
Qi(1)=Q0;


Tson=1000;                  % İstenen zaman
DT=1;                       % İstenen zaman aralığı
nz=ceil(Tson/DT);           % Oluşan iterasyon sayısı

% Kapanma kanunu ile cebri boruya giden debi--------------------

for k=1:nz
   T=T+DT;
   To=0;                    % Kapanma zamanı

   if To>0
   Qi(k+1)=Qi(k)-DT*Q0/To;
   end
   if T>To
      Qi(k+1)=0; %ani kapanma
```

```
    end

    QM(k)=(Qi(k)+Qi(k+1))/2;        %Kapanma ile cebri boru debisi

    if To==0
      QM(k)=0;
    end
end

% Diğer zaman aralıkları--------------------

for i=1:nz

Re2=abs(V(i))*DTC*998.2*1000/1.002;  % Tünel için Reynolds sayısı
Re3=(abs((AT*V(i)-QM(i))/ADB1))*DDC1*998.2*1000/1.002;
        % Denge bacası için Reynolds sayısı
(ortalama hız alınamadığından başlangıçtaki hız alınarak Reynolds
bulunmuştur)
if Re2==0
  f2=0;
else
f2=0.0782*Re2^(-0.1337);
end
if Re3==0
    f3=0;
  else
  f3=0.064*Re3^(-0.1225);
```

```
end

KT=f2*L/(2*g*DTC); % Tünel boru kayıp katsayısı
KC=0.5/(2*g);      % Hazne çıkış kayıp katsayısı
if V(i)<0
FT=-(KT+KC);
else
FT=(KT+KC);
end

LS=(HG-DTC/2)+z(i);   % Denge bacasında su seviyesi
KS=f3*LS/(2*g*DDC1);   % Denge bacası yüzey kayıp katsayısı
KG=0.42*(1-DTC^2/DDC1^2)*(ADB1^2/AT^2)/(2*g);   % Denge
    bacasında ani genişleme kayıp katsayısı

if V(i)<0
FS=-(KG+KS);
else
FS=KG+KS;
end

% Denklem çözümü için katsayıların hesaplanması-----------------

a=(FT*ADB1^2+FS*AT^2)/(4*ADB1^2)+AT^2/(8*g*ADB1^2);
b=L/(g*DT)+AT*DT/(4*ADB1)+FT*V(i)+FS*AT*(V(i)*AT-
QM(i))/(ADB1^2)+(AT^2*V(i)-AT* QM(i))/(2*g*ADB1^2);
```

```
c=FS*(V(i)*AT-QM(i))^2/(ADB1^2)+FT*V(i)^2+z(i)+DT*(V(i)*AT-
QM(i))/(2*ADB1)+(AT^2*V(i)^2-2*AT*QM(i)*V(i)
+QM(i)^2)/(2*g*ADB1^2);

% Bir sonraki zaman dilimine geçiş için değerler-----------------

DV(i)=(-b+sqrt(b^2-4*a*c))/(2*a);
V(i+1)=V(i)+DV(i);
Dz(i)=(V(i)*AT+AT*DV(i)/2-QM(i))*DT/ADB1;
z(i+1)=z(i)+Dz(i);
zt=z';
end

temp=z(:);
[minval,tmin]=min(temp);
[maxval,tmax]=max(temp);
minval
mintime=tmin*DT
maxval
maxtime=tmax*DT
```

Ek 4. Rijit yaklaşıma göre boğumlu (daralma-genişleme) tip denge bacası için yazılmış bilgisayar programı.

```
% Boğumlu denge bacası (daralma genişleme)
Clear all
g=9.81;      % Yerçekimi ivmesi
DTC=4;       % Tünelin Çapı
L=8000;      % Tünelin Uzunluğu
Q0=49;       % Tüneldeki Debi
HG=75;       % Statik seviye
HG1=10;      % Boğum yüksekliği

%- Ön hesaplar---------------------------------------

DDC1=3.5;  % Denge bacasının ilk çapı
DDC2=9;  % Denge bacasında ikinci çap

AT=pi*DTC^2/4;     % Tünelin kesit alanı
ADB1=pi*DDC1^2/4;   % Denge bacası alanı
ADB2=pi*DDC2^2/4;

% Başlangıç koşulları---------------------------------

V(1)=Q0/AT;       % Tüneldeki kararlı hal hızı T=0 anı

Re1=abs(V(1))*DTC*998.2*1000/1.002; %Başlangıçta tünel için
Reynolds sayısı (ortalama hız alınamadığından başlangıçtaki hız alınarak
Reynolds bulunmuştur)
```

```
if Re1==0
  f1=0;
else
f1=0.0782*Re1^(-0.1337);
end

KT=f1*L/(2*g*DTC);          % Tünel boru kayıp katsayısı
KC=0.5/(2*g);     % Hazne çıkış kayıp katsayısı

T=0;                      % T=0 anı için işlemler

z(1)=-(KT+KC)*V(1)^2;        % Kararlı halde denge bacasında statik
      seviyeye olan fark
QM(1)=Q0;          % Başlangıçta debi
Qi(1)=Q0;

Tson=1000;              % İstenen zaman
DT=1;                  % İstenen zaman aralığı
nz=ceil(Tson/DT);       % Oluşan iterasyon sayısı

% Kapanma kanunu ile cebri boruya giden debi--------------------

for k=1:nz
   T=T+DT;
   To=0;              % Kapanma zamanı

   if To>0
```

```
Qi(k+1)=Qi(k)-DT*Q0/To;
end
if T>To
   Qi(k+1)=0; %ani kapanma
end

QM(k)=(Qi(k)+Qi(k+1))/2;        %Kapanma ile cebri boru debisi

if To==0
   QM(k)=0;
end
end

% Diğer zaman aralıkları--------------------

for i=1:nz
Re2=abs(V(i))*DTC*998.2*1000/1.002;        % Tünel için Reynolds
      sayısı
Re3=(abs((AT*V(i)-QM(i))/ADB1))*DDC1*998.2*1000/1.002;    %
      Denge bacası ilk kısım için Reynolds sayısı
Re4=(abs((AT*V(i)-QM(i))/ADB2))*DDC2*998.2*1000/1.002;    %
      Denge bacası ilk kısım için Reynolds sayısı
(ifadelerde ortalama hız alınamadığından başlangıçtaki hız alınarak
Reynolds bulunmuştur)
if Re2==0
 f2=0;
else
```

```
f2=0.0782*Re2^(-0.1337);
end
if Re3==0
    f3=0;
  else
  f3=0.0782*Re2^(-0.1337);
end
if Re4==0
    f4=0;
  else
  f4=0.064*Re4^(-0.1225);
end

KT=f2*L/(2*g*DTC); % Tünel boru kayıp katsayısı
KC=0.5/(2*g);      % Hazne çıkış kayıp katsayısı
if V(i)<0
FT=-(KT+KC);
else
FT=(KT+KC);
end

KS=f3*HG1*(ADB2^2/ADB1^2)/(2*g*DDC1);     % Denge bacası
    ilk kısım yüzey kayıp katsayısı
LS=(HG-HG1-DTC/2)+z(i);     % Denge bacasında ikinci kısımda su
    seviyesi
KS1=f4*LS/(2*g*DDC2);       % Denge bacası ikinci kısım yüzey
    kayıp katsayısı
```

```
KG=0.42*(1-DDC1^2/DTC^2)*(ADB2^2/ADB1^2)/(2*g);                    %
        Denge bacasında ani daralma kayıp katsayısı
KG1=0.42*(1-DDC1^2/DDC2^2)*(ADB2^2/ADB1^2)/(2*g);

if V(i)<0
FS=-(KG+KS+KG1+KS1);
else
FS=KG+KS+KG1+KS1;
end

% Denklem çözümü için katsayıların hesaplanması-----------------

a=(FT*ADB2^2+FS*AT^2)/(4*ADB2^2)+AT^2/(8*g*ADB2^2);
b=L/(g*DT)+AT*DT/(4*ADB2)+FT*V(i)+FS*AT*(V(i)*AT-
        QM(i))/(ADB2^2)+(AT^2*V(i)-AT* QM(i))/(2*g*ADB2^2);
c=FS*(V(i)*AT-QM(i))^2/(ADB2^2)+FT*V(i)^2+
        z(i)+DT*(V(i)*AT-QM(i))/(2*ADB2)+(AT^2*V(i)^2-2*AT*
        QM(i)*V(i)+QM(i)^2)/(2*g*ADB2^2);

% Bir sonraki zaman dilimine geçiş için değerler-----------------

DV(i)=(-b+sqrt(b^2-4*a*c))/(2*a);
V(i+1)=V(i)+DV(i);
Dz(i)=(V(i)*AT+AT*DV(i)/2-QM(i))*DT/ADB2;
z(i+1)=z(i)+Dz(i);
end
```

```
zt=z';

temp=z(:);
[minval,tmin]=min(temp);
[maxval,tmax]=max(temp);
minval
mintime=tmin*DT
maxval
maxtime=tmax*DT
.
```

Ek 5. Boğumlu (genişleme-genişleme) tip denge bacası için yazılmış bilgisayar programı.

```
% Boğumlu denge bacası (daralma genişleme----------------
Clear all
g=9.81;    % Yerçekimi ivmesi
DTC=4;     % Tünelin Çapı
L=8000;     % Tünelin Uzunluğu
Q0=49;     % Tüneldeki Debi
HG=75;      % Statik seviye
HG1=10;      % Boğum yüksekliği

%- ön hesaplar---------------------------------------

DDC1=5;  % Denge bacasının ilk çapı
DDC2=9;  % Denge bacasında ikinci çap

AT=pi*DTC^2/4;      % Tünelin kesit alanı
ADB1=pi*DDC1^2/4;   % Denge bacası alanı
ADB2=pi*DDC2^2/4;

% Başlangıç koşulları--------------------------------

V(1)=Q0/AT;          % Tüneldeki kararlı hal hızı T=0 anı

Re1=abs(V(1))*DTC*998.2*1000/1.002;  %Başlangıçta tünel için
Reynolds sayısı (ortalama hız alınamadığından başlangıçtaki hız alınarak
Reynolds bulunmuştur)
```

```
if Re1==0
  f1=0;
else
f1=0.0782*Re1^(-0.1337);
end

KT=f1*L/(2*g*DTC);  % Tünel boru kayıp katsayısı
KC=0.5/(2*g);        % Hazne çıkış kayıp katsayısı

T=0;                       % T=0 anı için işlemler

z(1)=-(KT+KC)*V(1)^2;      % Kararlı halde denge bacasında
        statik seviyeye olan fark
QM(1)=Q0;                  % Başlangıçta debi
Qi(1)=Q0;


Tson=1000;                 % İstenen zaman
DT=1;              % İstenen zaman aralığı
nz=ceil(Tson/DT);       % Oluşan iterasyon sayısı

% Kapanma kanunu ile cebri boruya giden debi--------------------

for k=1:nz
   T=T+DT;
   To=0;                   % Kapanma zamanı
```

```
  if To>0
  Qi(k+1)=Qi(k)-DT*Q0/To;
  end
  if T>To
     Qi(k+1)=0;
            % Ani kapanma
  end

  QM(k)=(Qi(k)+Qi(k+1))/2;        % Kapanma ile cebri boru debisi

  if To==0
     QM(k)=0;
  end
end

% Diğer zaman aralıkları--------------------

for i=1:nz

Re2=abs(V(i))*DTC*998.2*1000/1.002; %Tünel Reynolds sayısı
 Denge bacası ilk kısım için Reynolds sayısı
Re3=(abs((AT*V(i)-QM(i))/ADB1))*DDC1*998.2*1000/1.002;

% Denge bacası ikinci kısım için Reynolds sayısı
Re4=(abs((AT*V(i)-QM(i))/ADB2))*DDC2*998.2*1000/1.002;
```

(ifadelerde ortalama hız alınamadığından başlangıçtaki hız alınarak Reynolds bulunmuştur)

```
if Re2==0
  f2=0;
else
f2=0.0782*Re2^(-0.1337);
end
if Re3==0
    f3=0;
  else
  f3=0.0782*Re2^(-0.1337);
end
if Re4==0
    f4=0;
  else
  f4=0.064*Re4^(-0.1225);
end

KT=f2*L/(2*g*DTC); % Tünel boru kayıp katsayısı
KC=0.5/(2*g);       % Hazne çıkış kayıp katsayısı
if V(i)<0
FT=-(KT+KC);
else
FT=(KT+KC);
end

KS=f3*HG1*(ADB2^2/ADB1^2)/(2*g*DDC1);    % Denge
```

```
bacası ilk kısım yüzey kayıp katsayısı
LS=(HG-HG1-DTC/2)+z(i);     % Denge bacasında ikinci kısımda
    su seviyesi
KS1=f4*LS/(2*g*DDC2);     % Denge bacası ikinci kısım yüzey
    kayıp katsayısı

% Denge bacası kayıp katsayıları
KG=0.42*(1-DTC^2/DDC1^2)*(ADB2^2/AT^2)/(2*g);
KG1=0.42*(1-DDC1^2/DDC2^2)*(ADB2^2/ADB1^2)/(2*g);

if V(i)<0
FS=-(KG+KS+KG1+KS1);
else
FS=KG+KS+KG1+KS1;
end

% Denklem çözümü için katsayıların hesaplanması-----------------

a=(FT*ADB2^2+FS*AT^2)/(4*ADB2^2)+AT^2/(8*g*ADB2^2);
b=L/(g*DT)+AT*DT/(4*ADB2)+FT*V(i)+FS*AT*(V(i)*AT-
QM(i))/(ADB2^2)+(AT^2*V(i)-AT* QM(i))/(2*g*ADB2^2);
c=FS*(V(i)*AT-QM(i))^2/(ADB2^2)+FT*V(i)^2+
z(i)+DT*(V(i)*AT-QM(i))/(2*ADB2)+(AT^2*V(i)^2-2*AT*
QM(i)*V(i)+QM(i)^2)/(2*g*ADB2^2);

% Bir sonraki zaman dilimine geçiş için değerler-----------------
```

```
DV(i)=(-b+sqrt(b^2-4*a*c))/(2*a);
V(i+1)=V(i)+DV(i);
Dz(i)=(V(i)*AT+AT*DV(i)/2-QM(i))*DT/ADB2;
z(i+1)=z(i)+Dz(i);
end
zt=z';

temp=z(:);
[minval,tmin]=min(temp);
[maxval,tmax]=max(temp);
minval
mintime=tmin*DT
maxval
maxtime=tmax*DT
```

Ek 6. Rijit yaklaşıma göre düz V tip denge bacası için yazılmış bilgisayar programı.

```
% Düz V tip denge bacası ---------------
Clear all
g=9.81;     % Yerçekimi ivmesi
DTC=4;   % Tünelin Çapı
L=8000;      % Tünelin Uzunluğu
Q0=49;       % Tüneldeki Debi
HG=75;        % Statik seviye

%- ön hesaplar--------------------------------------

DDC1=4;  % Denge bacasının ilk çapı
AT=pi*DTC^2/4;        % Tünelin kesit alanı
ADB1=pi*DDC1^2/4;   % Denge bacası alanı

% Başlangıç koşulları-------------------------------

V(1)=Q0/AT;           % Tüneldeki kararlı hal hızı T=0 anı

Re1=abs(V(1))*DTC*998.2*1000/1.002; %Başlangıçta tünel için
Reynolds sayısı (ortalama hız alınamadığından başlangıçtaki hız alınarak
Reynolds bulunmuştur)
if Re1==0
  f1=0;
else
f1=0.0782*Re1^(-0.1337);
```

```
end

KT=f1*L/(2*g*DTC);          % Tünel boru kayıp katsayısı
KC=0.5/(2*g);           % Hazne çıkış kayıp katsayısı

T=0;                    % T=0 anı için işlemler

z(1)=-(KT+KC)*V(1)^2;  % Kararlı halde denge bacasında statik
seviyeye olan fark
QM(1)=Q0;               % Başlangıçta debi
Qi(1)=Q0;


Tson=1000;              % İstenen zaman
DT=1;                   % İstenen zaman aralığı
nz=ceil(Tson/DT);       % Oluşan iterasyon sayısı

% Kapanma kanunu ile cebri boruya giden debi---------------------

for k=1:nz
  T=T+DT;
  To=165;               % Kapanma zamanı

  if To>0
  Qi(k+1)=Qi(k)-DT*Q0/To;
  end
  if T>To
```

```
    Qi(k+1)=0; % Ani kapanma
  end

  QM(k)=(Qi(k)+Qi(k+1))/2;          %Kapanma ile cebri boru debisi

  if To==0
    QM(k)=0;
  end
end

% Diğer zaman aralıkları--------------------

for i=1:nz

Re2=abs(V(i))*DTC*998.2*1000/1.002;  % Tünel Reynolds sayısı
(ortalama hız alınamadığından başlangıçtaki hız alınarak Reynolds
bulunmuştur)

if Re2==0
  f2=0;
else
f2=0.0782*Re2^(-0.1337);
end

KT=f2*L/(2*g*DTC);  % Tünel boru kayıp katsayısı
KC=0.5/(2*g);        % Hazne çıkış kayıp katsayısı
if V(i)<0
```

```
FT=-(KT+KC);
else
FT=(KT+KC);
end

% Denge bacası kaybı------------------------------
TET=2;
   DDC2(i)=2*(tan(TET*3.14/180)*(HG+z(i)-DTC/2)+DDC1/2);
   ADB2=pi*DDC2(i)^2/4;
   KE=2.6*sin(TET*3.14/180)*(1-ADB1/ADB2)^2; % 2tet<45
   KS=KE*(ADB2/ADB1)^2/(2*g);

if V(i)<0
FS=-KS;
else
FS=KS;
end

% Denklem çözümü için katsayıların hesaplanması-----------------

a=(FT*ADB2^2+FS*AT^2)/(4*ADB2^2)+AT^2/(8*g*ADB2^2);
b=L/(g*DT)+AT*DT/(4*ADB2)+FT*V(i)+FS*AT*(V(i)*AT-
QM(i))/(ADB2^2)+(AT^2*V(i)-AT* QM(i))/(2*g*ADB2^2);
c=FS*(V(i)*AT-QM(i))^2/(ADB2^2)+FT*V(i)^2+      z(i)+DT*(V(i)*AT-
QM(i))/(2*ADB2)+(AT^2*V(i)^2-2*AT*
QM(i)*V(i)+QM(i)^2)/(2*g*ADB2^2);
```

```
% Bir sonraki zaman dilimine geçiş için değerler-----------------

DV(i)=(-b+sqrt(b^2-4*a*c))/(2*a);
V(i+1)=V(i)+DV(i);
Dz(i)=(V(i)*AT+AT*DV(i)/2-QM(i))*DT/ADB2;
z(i+1)=z(i)+Dz(i);
end
zt=z';

temp=z(:);
[minval,tmin]=min(temp);
[maxval,tmax]=max(temp);
minval
mintime=tmin*DT
maxval
maxtime=tmax*DT
DMax=DDC2(:);
[maxDDC2]=max(DMax);
```

Ek 7. Rijit yaklaşıma göre ters V tip denge bacası için yazılmış bilgisayar programı.

```
% Düz V tip denge bacası ---------------
Clear all
g=9.81;   % Yerçekimi ivmesi
DTC=4;      % Tünelin Çapı
L=8000;     % Tünelin Uzunluğu
Q0=49;      % Tüneldeki Debi
HG=75;       % Statik seviye

%- Ön hesaplar---------------------------------------

DDC1=12.5;  % Denge bacasının ilk çapı
AT=pi*DTC^2/4; % Tünelin kesit alanı
ADB1=pi*DDC1^2/4; % Denge bacası alanı

% Başlangıç koşulları--------------------------------

V(1)=Q0/AT;          % Tüneldeki kararlı hal hızı T=0 anı

Re1=abs(V(1))*DTC*998.2*1000/1.002;  %Başlangıçta tünel için
Reynolds sayısı (ortalama hız alınamadığından başlangıçtaki hız alınarak
Reynolds bulunmuştur)
if Re1==0
  f1=0;
else
f1=0.0782*Re1^(-0.1337);
```

```
end

KT=f1*L/(2*g*DTC);          % Tünel boru kayıp katsayısı
KC=0.5/(2*g);               % Hazne çıkış kayıp katsayısı

T=0;                        % T=0 anı için işlemler

z(1)=-(KT+KC)*V(1)^2;       % Kararlı halde denge bacasında
    statik seviyeye olan fark
QM(1)=Q0;                   % Başlangıçta debi
Qi(1)=Q0;

Tson=1000;    % İstenen zaman
DT=1;                       % İstenen zaman aralığı
nz=ceil(Tson/DT);           % Oluşan iterasyon sayısı

% Kapanma kanunu ile cebri boruya giden debi--------------------

for k=1:nz
  T=T+DT;
  To=0;                     % Kapanma zamanı

  if To>0
  Qi(k+1)=Qi(k)-DT*Q0/To;
  end
  if T>To
```

```
    Qi(k+1)=0;                                   %
Ani kapanma
  end

  QM(k)=(Qi(k)+Qi(k+1))/2;        %Kapanma ile cebri boru debisi

  if To==0
    QM(k)=0;
  end
end

% Diğer zaman aralıkları-------------------

for i=1:nz

Re2=abs(V(i))*DTC*998.2*1000/1.002; % Tünel Reynolds sayısı
(ortalama hız alınamadığından başlangıçtaki hız alınarak Reynolds
bulunmuştur)
if Re2==0
  f2=0;
else
f2=0.0782*Re2^(-0.1337);
end

KT=f2*L/(2*g*DTC); % Tünel boru kayıp katsayısı
KC=0.5/(2*g);      % Hazne çıkış kayıp katsayısı
if V(i)<0
```

```
FT=-(KT+KC);
else
FT=(KT+KC);
end

% Denge bacası kaybı
TET=1.5;
   DDC2(i)=DDC1-2*(tan(TET*3.14/180)*(HG+z(i)-DTC/2));
   ADB2=pi*DDC2(i)^2/4;
   Kdeg=0.4*sin(TET*3.14/180)*(1-ADB2/ADB1); %2*TET<45
   KS=Kdeg/(2*9.81);

if V(i)<0
FS=-KS;
else
FS=KS;
end

% Denklem çözümü için katsayıların hesaplanması-----------------

a=(FT*ADB2^2+FS*AT^2)/(4*ADB2^2)+AT^2/(8*g*ADB2^2);
b=L/(g*DT)+AT*DT/(4*ADB2)+FT*V(i)+FS*AT*(V(i)*AT-
QM(i))/(ADB2^2)+(AT^2*V(i)-AT* QM(i))/(2*g*ADB2^2);
c=FS*(V(i)*AT-QM(i))^2/(ADB2^2)+FT*V(i)^2
+z(i)+DT*(V(i)*AT-QM(i))/(2*ADB2)+(AT^2*V(i)^2-2*AT*
QM(i)*V(i)+QM(i)^2)/(2*g*ADB2^2);
```

```
% Bir sonraki zaman dilimine geçiş için değerler-----------------

DV(i)=(-b+sqrt(b^2-4*a*c))/(2*a);
V(i+1)=V(i)+DV(i);
Dz(i)=(V(i)*AT+AT*DV(i)/2-QM(i))*DT/ADB2;
z(i+1)=z(i)+Dz(i);
end
zt=z';
temp=z(:);
[minval,tmin]=min(temp);
[maxval,tmax]=max(temp);
minval
mintime=tmin*DT
maxval
maxtime=tmax*DT
```

Ek 8. Rijit su sütunu yaklaşımına göre bulunan toplu sonuçlar.

Denge Bacası Şekli (Statik Seviye 75 m)	Açı	Kapama Zamanı (s)	Giriş Kesit Çapı (m)	Çıkış Kesit Çapı (m)	Denge Bacasındaki Maksimum Yaklaşık Yükselme (m)	Maksimum Yükselmenin Oluşma Süresi (s)	Denge Bacası Gerekli Minimum Hacmi (m3)	Meydana Gelen Minimum Yükseklik
Düz Klasik		**0**	**9,0**	**9,0**	**40,488**	**115**	**7216,134**	-30,492
		125	**9,0**	**9,0**	**35,483**	**181**	**6897,892**	
		165	**9,0**	**9,0**	**31,978**	**203**	**6675,026**	
Boğumlu		0	2,5	9,0	38,685	114	6514,703	-27,938
		0	3,0	9,0	39,802	115	6607,315	-29,497
		0	3,3	9,0	40,125	115	6642,690	-29,962
		0	3,5	9,0	40,267	115	6662,395	-30,169
		0	3,6	9,0	40,323	115	6671,529	-30,250
		0	3,7	9,0	40,371	115	6680,312	-30,320
		0	3,8	9,0	40,412	115	6688,806	-30,380
		0	4,0	9,0	40,478	115	6705,249	-30,477
		0	4,1	9,0	40,486	115	6712,116	-30,489
		0	4,3	9,0	40,499	115	6726,130	30,507
		0	4,5	9,0	40,507	115	6740,455	-30,519
		0	5,0	9,0	40,516	115	6778,315	-30,533
		0	**3,5**	**9,0**	**40,267**	**115**	**6662,395**	**-30,169**
		125	**3,5**	**9,0**	**35,372**	**181**	**6351,146**	
		165	**3,5**	**9,0**	**31,899**	**203**	**6130,315**	
Düz V	0,5	0	4,0	6,417	65,536	69	3003,131	-74,683
	1,0	0	4,0	8,285	49,813	88	3785,273	-59,402
	1,5	0	4,0	9,935	40,377	107	4581,790	-46,475
	3,0	0	4,0	14,312	25,432	162	7162,391	-24,410
	2,0	**0**	**4,0**	**11,463**	**33,911**	**125**	**5406,214**	**-36,770**
	2,0	**125**	**4,0**	**11,192**	**30,021**	**190**	**5015,163**	
	2,0	**165**	**4,0**	**11,012**	**27,450**	**212**	**4765,668**	
Ters V	3,0	0	12,5	Değerler normal dışıdır				
	2,0	0	12,5					
	1,8	0	12,5	2,925	79,422	83	8031,135	-31,620
	1,7	0	12,5	4,202	66,868	89	8287,009	-30,828
	1,0	0	12,5	8,566	39,732	124	9932,552	-25,231
	0,5	0	12,5	10,667	32,051	146	11088,409	-21,844
	1,5	**0**	**12,5**	**5,834**	**54,344**	**100**	**8770,733**	**-29,151**
	1,5	**125**	**12,5**	**6,310**	**45,257**	**167**	**8507,602**	
	1,5	**165**	**12,5**	**6,633**	**39,081**	**191**	**8304,534**	

Ek 9. Elastik su sütunu yaklaşımına göre çözüm için akış diyagramı.

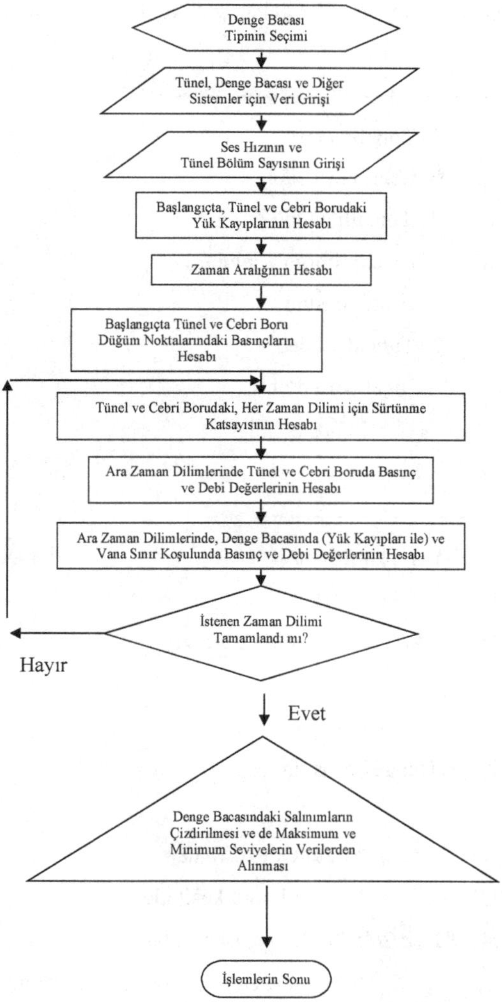

Ek 10. Elastik yaklaşıma göre düz geleneksel tip denge bacası için yazılmış bilgisayar programı.

```
% Karakteristikler yöntemi-Düz geleneksel tip denge bacası
clear all
%- veriler--------------------------------------------
    DTC=4;          % Tünelin çapı
    DC=4;           % Cebri boru çapı
    XT=8000;        % Tünelin uzunluğu
    XC=1000;        % Cebri boru uzunluğu
    HG=75;          % Statik basınç
    Q0=49;          % Tüneldeki debi
    TE=0;           % Tünel boru eğimi
    CE=30;          % Cebri boru eğimi

%- sabitler------------------------------
    g=9.81;   % Yerçekimi ivmesi
    aT=1401;        % Tüneldeki ses hızı
    aC=1401;        % Cebri borudaki ses hızı

%- ön hesaplar----------------------------
    DDC1=9;  % Denge bacasının çapı

    AT=pi*DTC^2/4;      % Tünelin kesit alanı
    AC=pi*DC^2/4;       % Cebri boru kesit alan
    ADB1=pi*DDC1^2/4; % Denge bacası alanı
    AC0=AC;                   % Vana sınır koşulu için ön parametreler
    AV=AC;
```

```
AV1=AC;

%Sürtünme Katsayısı Hesapları---------------------
    Re1=(abs(Q0)/AT)*DTC*998.2*1000/1.002;  %Başlangıçta debi
    tünel ve cebri boru için aynı olduğundan, aynı Reynolds sayısı geçerli
    olur.
  if Re1==0
  f1=0;
  else
  f1=0.0782*Re1^(-0.1337);          %E/D=0,0000125 için
  end

% Tünel kaybı-----Hazne çıkış kaybı+boru kaybı
  TBK=(0.5*Q0^2)/(AT^2*2*9.81)+f1*XT*Q0^2/(2*g*DTC*AT^2);

% Cebri Boru kaybı----------------------------------
  CBK=f1*XC*Q0^2/(2*g*DC*AC^2);  %düz boru kaybı

%- İterasyon verileri-------------------------------
  Tson=1000;   % İstenen zaman aralığı (s)
  NT=50;         % Tünel NT parçaya bölünür
  NT1=NT+1;   % NT+1 nokta sayısı

% Tünel için iterasyon zaman aralığı------------------
  TDT=XT/(aT*NT);
  CDT=TDT;
  NC=ceil(XC/(aC*CDT));
```

```
NC1=NC+1;

% Başlangıç şartları-------------------------------
T=0;
for i=1:NT1
HT(1,i)=HG-(i-1)*TBK/NT;
QT(1,i)=Q0;
end
for j=1:NC1
HC(1,j)=HT(NT1)-(j-1)*CBK/NC;
QC(1,j)=Q0;
end
QD(1)=0;     %Denge bacasına giden ilk debi kararlı halde sıfırdır.

% Ara zaman dilimleri---------------------------------
UC=aC/(g*AC);
UT=aT/(g*AT);
 WC=sin(CE*pi/180)/AC;
WT=sin(TE*pi/180)/AT;
nz=ceil(Tson/CDT);

% Diğer zaman dilimleri-----------------------------------
for z=2:nz
    T=T+CDT;

    Re2=(abs(QC(z-1,ceil(NC1/2)))/AC)*DC*998.2*1000/1.002;
    Re3=(abs(QT(z-1,ceil(NT1/2)))/AT)*DTC*998.2*1000/1.002;
```

```
if Re2==0
f2=0;
else
f2=0.0782*Re2^(-0.1337);
end
if Re3==0
f3=0;
else
f3=0.0782*Re3^(-0.1337);
end
SC=f2*aC/(2*g*DC*AC^2);
ST=f3*aT/(2*g*DTC*AT^2);

for k=2:NC
AKC=HC(z-1,k-1)+QC(z-1,k-1)*(UC-SC*CDT*abs(QC(z-1,k-
1))+WC*CDT);
HCA(z,k)=0.5*(AKC+HC(z-1,k+1)-QC(z-1,k+1)*(UC-
SC*CDT*abs(QC(z-1,k+1))-WC*CDT));
QCA(z,k)=(AKC-HCA(z,k))/UC;
end
for l=2:NT
AKT=HT(z-1,l-1)+QT(z-1,l-1)*(UT-ST*TDT*abs(QT(z-1,l-
1))+WT*TDT);
HTA(z,l)=0.5*(AKT+HT(z-1,l+1)-QT(z-1,l+1)*(UT-
ST*TDT*abs(QT(z-1,l+1))-WT*TDT));
QTA(z,l)=(AKT-HTA(z,l))/UT;
end
```

```
% Denge bacası sınır şartının uygulanması------------------------------
    Re4=((abs(QD(z-1)))/ADB1)*DDC1*998.2*1000/1.002;
    if Re4==0
                                                          f4=0;
    else
    f4=0.064*Re4^(-0.1225);
    end
    XLD2=HT(z-1,NT1)-DTC/2;

    DBK=f4*XLD2*(QD(z-1)/ADB1)^2/(2*9.81*DDC1)+0.42*(1-
    AT^2/ADB1^2)*(QD(z-1)/AT)^2/(2*9.81); %denge bacası kayıpları
    boru+genişleme kayıpları

    AKT=HT(z-1,NT)+QT(z-1,NT)*(UT-ST*TDT*abs(QT(z-
    1,NT))+WT*TDT);
    EKC=HC(z-1,2)-QC(z-1,2)*(UC-SC*CDT*abs(QC(z-1,2))-
    WC*CDT);

   if QD(z-1)>0
    HCA(z,1)=((AKT-DBK)/UT+(EKC-DBK)/UC+ADB1*HC(z-
    1,1)/CDT)/(1/UT+1/UC+ADB1/CDT); %ADB1 yükseklik değişiminin
    olduğu bölge
   else
   HCA(z,1)=((AKT+DBK)/UT+(EKC+DBK)/UC+
   ADB1*HC(z-1,1)/CDT)/(1/UT+1/UC+ADB1/CDT);
   end
```

```
HTA(z,NT1)=HCA(z,1);
if QD(z-1)>0
QCA(z,1)=(HCA(z,1)-(EKC-DBK))/UC;
QTA(z,NT1)=((AKT-DBK)-HTA(z,NT1))/UT;
else
QCA(z,1)=(HCA(z,1)-(EKC+DBK))/UC;
QTA(z,NT1)=((AKT+DBK)-HTA(z,NT1))/UT;
end
QD(z)=(HCA(z,1)-HC(z-1,1))*ADB1/CDT;

% Hazne sınır şartının uygulanması----------------------------------------
GK=0.5*QT(z-1,1)*abs(QT(z-1,1))/(2*g*AT^2);
HTA(z,1)=HG;
EKT=HT(z-1,2)-QT(z-1,2)*(UT-ST*TDT*abs(QT(z-1,2))-WT*TDT);
QTA(z,1)=(HTA(z,1)-(EKT-GK))/UT;

% Vana sınır şartının uygulanması-------------------------------------
To=0;      % İstenen kapanma zamanı
MO=0.6;    % Daimi akış için katsayı
MP=0.6;    % Bir kısılma sonucu için katsayı
if To==0
AV=0;
end
if To>0
AV=AV1-CDT*AC0/To;
end
```

```
    if T>To
      AV=0; %ani kapanma
    end
    TO=MP*AV/(MO*AC0);
    MV=(Q0*TO)^2/(2*HG);
    AKC=HC(z-1,NC)+QC(z-1,NC)*(UC-SC*CDT*abs(QC(z-
    1,NC))+WC*CDT);
    Delta=(MV*UC)^2+2*MV*AKC;
    QCA(z,NC1)=-MV*UC+sqrt(Delta);       %birinci konumda/zamanda
    vana debisi
    HCA(z,NC1)=AKC-UC*QCA(z,NC1);          %birinci
    konumda/zamanda basinç
    AV1=AV;

% Parametrelerin döngü için ilk parametrelerin üzerine aktarılması----
    for i=1:NT1
    HT(z,i)=HTA(z,i);
    QT(z,i)=QTA(z,i);
    end

    for j=1:NC1
    HC(z,j)=HCA(z,j);
    QC(z,j)=QCA(z,j);
    end
end

% Maksimum ve minimum değerlerin elde edilmesi ve grafiğin çizilmesi
```

```
temp=HC(:,1)-75;
[minval,tmin]=min(temp);
[maxval,tmax]=max(temp);
minval
mintime=tmin*CDT
maxval
maxtime=tmax*CDT

X=[0:CDT:Tson];
plot(X,(HC(:,1)-75),'b')
hold on
```

Ek 11. Elastik yaklaşıma göre boğumlu (daralma-genişleme) tip denge bacası için yazılmış bilgisayar programı.

```
% Karakteristikler yöntemi-Boğumlu denge bacası için (daralma-
genişleme).
clear all
%- veriler-------------------------------------------
    DTC=4;          % Tünelin çapı
    DC=4;           % Cebri boru çapı
    XT=8000;        % Tünelin uzunluğu
    XC=1000;          % Cebri boru uzunluğu
    HG=75;          % Statik basınç
    HG1=10;% Boğum yüksekliği
    Q0=49;          % Tüneldeki debi
    TE=0;           % Tünel boru eğimi
    CE=30;          % Cebri boru eğimi

%- sabitler-----------------------------
    g=9.81;     % Yerçekimi ivmesi
    aT=1401;    % Tüneldeki ses hızı
    aC=1401;    % Cebri borudaki ses hızı

%- ön hesaplar---------------------------
    DDC1=3.5;  % Denge bacasının boğum çapı
    DDC2=9; % Denge bacası ikinci çapı

    AT=pi*DTC^2/4;        % Tünelin kesit alanı
```

```
AC=pi*DC^2/4;          % Cebri boru kesit alan
ADB1=pi*DDC1^2/4; % Denge bacası alanı
AC0=AC;                % Vana sınır koşulu için ön parametreler
AV=AC;
AV1=AC;

%Sürtünme Katsayısı Hesapları----------------------
    Re1=(abs(Q0)/AT)*DTC*998.2*1000/1.002; %Başlangıçta debi
    tünel ve cebri boru için aynı olduğundan, aynı Reynolds sayısı geçerli
    olur.
if Re1==0
f1=0;
else
f1=0.0782*Re1^(-0.1337);          %E/D=0,0000125 için
end

% Tünel kaybı-----Hazne çıkış kaybı+boru kaybı--------------
TBK=(0.5*Q0^2)/(AT^2*2*9.81)+f1*XT*Q0^2/(2*g*DTC*AT^2);

% Cebri Boru kaybı----------------------
CBK=f1*XC*Q0^2/(2*g*DC*AC^2); %düz boru kaybı

%- İterasyon verileri-------------------------------
Tson=1000;  % İstenen zaman aralığı (s)
NT=50;       % Tünel NT parçaya bölünür
NT1=NT+1;                                          % NT+1
nokta sayısı
```

```
% Tünel için iterasyon zaman aralığı-------------------
    TDT=XT/(aT*NT);
    CDT=TDT;
    NC=ceil(XC/(aC*CDT));
    NC1=NC+1;

% Başlangıç şartları---------------------------------
    T=0;
    for i=1:NT1
    HT(1,i)=HG-(i-1)*TBK/NT;
    QT(1,i)=Q0;
    end
    for j=1:NC1
    HC(1,j)=HT(NT1)-(j-1)*CBK/NC;
    QC(1,j)=Q0;
    end
    QD(1)=0;       %Denge bacasına giden ilk debi kararlı halde sıfırdır.

% Ara zaman dilimleri----------------------------
    UC=aC/(g*AC);
    UT=aT/(g*AT);
     WC=sin(CE*pi/180)/AC;
    WT=sin(TE*pi/180)/AT;
     nz=ceil(Tson/CDT);

% Diğer zaman dilimleri----------------------------
```

```
for z=2:nz
    T=T+CDT;

    Re2=(abs(QC(z-1,ceil(NC1/2)))/AC)*DC*998.2*1000/1.002;
    Re3=(abs(QT(z-1,ceil(NT1/2)))/AT)*DTC*998.2*1000/1.002;
    if Re2==0
    f2=0;
    else
    f2=0.0782*Re2^(-0.1337);
    end
    if Re3==0
    f3=0;
    else
    f3=0.0782*Re3^(-0.1337);
    end
    SC=f2*aC/(2*g*DC*AC^2);
    ST=f3*aT/(2*g*DTC*AT^2);

    for k=2:NC
    AKC=HC(z-1,k-1)+QC(z-1,k-1)*(UC-SC*CDT*abs(QC(z-1,k-
    1))+WC*CDT);
    HCA(z,k)=0.5*(AKC+HC(z-1,k+1)-QC(z-1,k+1)*(UC-
    SC*CDT*abs(QC(z-1,k+1))-WC*CDT));
    QCA(z,k)=(AKC-HCA(z,k))/UC;
    end
    for l=2:NT
```

```
AKT=HT(z-1,l-1)+QT(z-1,l-1)*(UT-ST*TDT*abs(QT(z-1,l-
1))+WT*TDT);
HTA(z,l)=0.5*(AKT+HT(z-1,l+1)-QT(z-1,l+1)*(UT-
ST*TDT*abs(QT(z-1,l+1))-WT*TDT));
QTA(z,l)=(AKT-HTA(z,l))/UT;
end

% Denge bacası sınır şartının uygulanması------------------------
Re4=(abs(QD(z-1))/ADB1)*DDC1*998.2*1000/1.002;
if Re4==0
f4=0;
else
f4=0.0782*Re4^(-0.1337);
end
Re5=(abs(QD(z-1)/ADB2))*DDC2*998.2*1000/1.002;
if Re5==0
f5=0;
else
f5=0.064*Re5^(-0.1225);
end
XLD2=HT(z-1,NT1)- HG1-DTC/2;
DBK(z,1)=f4*XLD1*(QD(z-1)/ADB1)^2/ (2*9.81*DDC1)+
  f5*XLD2*(QD(z-1)/ADB2)^2/ (2*9.81*DDC2)+0.42*(1-
  ADB1^2/ADB2^2)*(QD(z-1)/ADB1)^2/(2*9.81)+0.42*(1-
  ADB1^2/AT^2)*(QD(z-1)/ADB1)^2/(2*9.81); %denge bacası
  boru+genişleme kayıpları
AKT=HT(z-1,NT)+QT(z-1,NT)*(UT-ST*TDT*
```

```
abs(QT(z-1,NT))+WT*TDT);
EKC=HC(z-1,2)-QC(z-1,2)*(UC-SC*CDT*abs(QC(z-1,2))-
WC*CDT);
if QD(z-1)>0
CA(z,1)=((AKT-DBK(z,1))/UT+(EKC-DBK(z,1))/UC+ADB2*HC(z-
1,1)/CDT)/(1/UT+1/UC+ADB2/CDT); %ADB2 yükseklik değişiminin
olduğu bölge
else
HCA(z,1)=((AKT+DBK(z,1))/UT+(EKC+DBK(z,1))/UC+ADB2*HC(
z-1,1)/CDT)/(1/UT+1/UC+ADB2/CDT);
end

HTA(z,NT1)=HCA(z,1);
if QD(z-1)>0
QCA(z,1)=(HCA(z,1)-(EKC-DBK(z,1)))/UC;
QTA(z,NT1)=((AKT-DBK(z,1))-HTA(z,NT1))/UT;
else
QCA(z,1)=(HCA(z,1)-(EKC+DBK(z,1)))/UC;
QTA(z,NT1)=((AKT+DBK(z,1))-HTA(z,NT1))/UT;
end
QD(z)=(HCA(z,1)-HC(z-1,1))*ADB2/CDT;

% Hazne Sınır Şartı--------------------------------------------

GK=0.5*QT(z-1,1)*abs(QT(z-1,1))/(2*g*AT^2);
HTA(z,1)=HG;
EKT=HT(z-1,2)-QT(z-1,2)*(UT-ST*TDT*abs(QT(z-1,2))-WT*TDT);
```

```
QTA(z,1)=(HTA(z,1)-(EKT-GK))/UT;

% Vana sınır şartının uygulanması----------------------
To=0;       % İstenen kapanma zamanı
MO=0.6;     % Daimi akış için katsayı
MP=0.6;     % Bir kısılma sonucu için katsayı
if To==0
AV=0;
end
if To>0
AV=AV1-CDT*AC0/To;
end
if T>To
  AV=0; %ani kapanma
end
TO=MP*AV/(MO*AC0);
MV=(Q0*TO)^2/(2*HG);
AKC=HC(z-1,NC)+QC(z-1,NC)*(UC-SC*CDT*abs(QC(z-
1,NC))+WC*CDT);
Delta=(MV*UC)^2+2*MV*AKC;
QCA(z,NC1)=-MV*UC+sqrt(Delta);     %birinci konumda/zamanda
vana debisi
HCA(z,NC1)=AKC-UC*QCA(z,NC1);      %birinci
konumda/zamanda basinç
AV1=AV;

% Parametrelerin döngü için ilk parametrelerin üzerine aktarılması---
```

```
    for i=1:NT1
    HT(z,i)=HTA(z,i);
    QT(z,i)=QTA(z,i);
    end

    for j=1:NC1
    HC(z,j)=HCA(z,j);
    QC(z,j)=QCA(z,j);
    end
end

% Maksimum ve minimum değerlerin elde edilmesi ve grafiğin çizilmesi
    temp=HC(:,1)-75;
    [minval,tmin]=min(temp);
    [maxval,tmax]=max(temp);
    minval
    mintime=tmin*CDT
    maxval
    maxtime=tmax*CDT

    X=[0:CDT:Tson];
    plot(X,(HC(:,1)-75),'b')
    hold on
```

Ek 12. Elastik yaklaşıma göre boğumlu (genişleme-genişleme) tip denge bacası için yazılmış bilgisayar programı.

```
% Karakteristikler yöntemi-Boğumlu denge bacası için (genişleme-
genişleme).
clear all
%- veriler-------------------------------------------
    DTC=4;        % Tünelin çapı
    DC=4;         % Cebri boru çapı
    XT=8000;      % Tünelin uzunluğu
    XC=1000;      % Cebri boru uzunluğu
    HG=75;        % Statik basınç
    HG1=10;       % Boğum yüksekliği
    Q0=49;        % Tüneldeki debi
    TE=0;         % Tünel boru eğimi
    CE=30;        % Cebri boru eğimi
%- sabitler-----------------------------
    g=9.81;    % Yerçekimi ivmesi
    aT=1401;   % Tüneldeki ses hızı
    aC=1401;     % Cebri borudaki ses hızı

%- ön hesaplar---------------------------
    DDC1=3.5;   % Denge bacasının boğum çapı
    DDC2=9; % Denge bacası ikinci çapı

    AT=pi*DTC^2/4;        % Tünelin kesit alanı
    AC=pi*DC^2/4;         % Cebri boru kesit alan
```

```
ADB1=pi*DDC1^2/4; % Denge bacası alanı
AC0=AC;                % Vana sınır koşulu için ön parametreler
AV=AC;
AV1=AC;

%Sürtünme Katsayısı Hesapları---------------------
    Re1=(abs(Q0)/AT)*DTC*998.2*1000/1.002; %Başlangıçta debi
    tünel ve cebri boru için aynı olduğundan, aynı Reynolds sayısı geçerli
    olur.
  if Re1==0
  f1=0;
  else
  f1=0.0782*Re1^(-0.1337);              %E/D=0,0000125 için
  end

% Tünel kaybı-----Hazne çıkış kaybı+boru kaybı
  TBK=(0.5*Q0^2)/(AT^2*2*9.81)+f1*XT*Q0^2/(2*g*DTC*AT^2);

% Cebri Boru kaybı-------------------
  CBK=f1*XC*Q0^2/(2*g*DC*AC^2); %düz boru kaybı

%- İterasyon verileri------------------------------
  Tson=1000;  % İstenen zaman aralığı (s)
  NT=50;        % Tünel NT parçaya bölünür
  NT1=NT+1;  % NT+1 nokta sayısı

% Tünel için iterasyon zaman aralığı-----------
```

```
    TDT=XT/(aT*NT);
    CDT=TDT;
    NC=ceil(XC/(aC*CDT));
    NC1=NC+1;

% Başlangıç şartları------------------------------
    T=0;
    for i=1:NT1
    HT(1,i)=HG-(i-1)*TBK/NT;
    QT(1,i)=Q0;
    end
    for j=1:NC1
    HC(1,j)=HT(NT1)-(j-1)*CBK/NC;
    QC(1,j)=Q0;
    end
    QD(1)=0;        %Denge bacasına giden ilk debi kararlı halde sıfırdır.

% Ara zaman dilimleri-----------------------------
    UC=aC/(g*AC);
    UT=aT/(g*AT);
     WC=sin(CE*pi/180)/AC;
    WT=sin(TE*pi/180)/AT;
    nz=ceil(Tson/CDT);

% Diğer zaman dilimleri---------------------------
for z=2:nz
    T=T+CDT;
```

```
Re2=(abs(QC(z-1,ceil(NC1/2)))/AC)*DC*998.2*1000/1.002;
Re3=(abs(QT(z-1,ceil(NT1/2)))/AT)*DTC*998.2*1000/1.002;
if Re2==0
f2=0;
else
f2=0.0782*Re2^(-0.1337);
end
if Re3==0
f3=0;
else
f3=0.0782*Re3^(-0.1337);
end
SC=f2*aC/(2*g*DC*AC^2);
ST=f3*aT/(2*g*DTC*AT^2);

for k=2:NC
AKC=HC(z-1,k-1)+QC(z-1,k-1)*(UC-SC*CDT*abs(QC(z-1,k-
1))+WC*CDT);
HCA(z,k)=0.5*(AKC+HC(z-1,k+1)-QC(z-1,k+1)*(UC-
SC*CDT*abs(QC(z-1,k+1))-WC*CDT));
QCA(z,k)=(AKC-HCA(z,k))/UC;
end
for l=2:NT
AKT=HT(z-1,l-1)+QT(z-1,l-1)*(UT-ST*TDT*abs(QT(z-1,l-
1))+WT*TDT);
```

```
HTA(z,l)=0.5*(AKT+HT(z-1,l+1)-QT(z-1,l+1)*(UT-
ST*TDT*abs(QT(z-1,l+1))-WT*TDT));
QTA(z,l)=(AKT-HTA(z,l))/UT;
end

% Denge bacası sınır şartının uygulanması-----------------------
Re4=(abs(QD(z-1))/ADB1)*DDC1*998.2*1000/1.002;
if Re4==0
f4=0;
else
f4=0.0782*Re4^(-0.1337);
end
Re5=(abs(QD(z-1)/ADB2))*DDC2*998.2*1000/1.002;
if Re5==0
f5=0;
else
f5=0.064*Re5^(-0.1225);
end
XLD2=HT(z-1,NT1)-HG1-DTC/2;

DBK(z,1)=f4*XLD1*(QD(z-
1)/ADB1)^2/(2*9.81*DDC1)+f5*XLD2*(QD(z-
1)/ADB2)^2/(2*9.81*DDC2)+0.42*(1-
ADB1^2/ADB2^2)*(QD(z-1)/ADB1)^2/(2*9.81)+0.42*(1-
AT^2/ADB1^2)*(QD(z-1)/AT)^2/(2*9.81); %denge bacası
kayıpları boru+genişleme kayıpları
```

```
AKT=HT(z-1,NT)+QT(z-1,NT)*(UT-ST*TDT*abs(QT(z-
  1,NT))+WT*TDT);
 EKC=HC(z-1,2)-QC(z-1,2)*(UC-SC*CDT*abs(QC(z-1,2))-
  WC*CDT);
if QD(z-1)>0
  HCA(z,1)=((AKT-DBK(z,1))/UT+(EKC-
  DBK(z,1))/UC+ADB2*HC(z-1,1)/CDT)/
  (1/UT+1/UC+ADB2/CDT); %ADB2 yükseklik değişiminin
  olduğu bölge
else
  HCA(z,1)=((AKT+DBK(z,1))/UT+(EKC+DBK(z,1))/UC+
  ADB2*HC(z-1,1)/CDT)/(1/UT+1/UC+ADB2/CDT);
end

 HTA(z,NT1)=HCA(z,1);
 if QD(z-1)>0
 QCA(z,1)=(HCA(z,1)-(EKC-DBK(z,1)))/UC;
 QTA(z,NT1)=((AKT-DBK(z,1))-HTA(z,NT1))/UT;
 else
 QCA(z,1)=(HCA(z,1)-(EKC+DBK(z,1)))/UC;
 QTA(z,NT1)=((AKT+DBK(z,1))-HTA(z,NT1))/UT;
 end
 QD(z)=(HCA(z,1)-HC(z-1,1))*ADB2/CDT;

% Hazne sınır şartının uygulanması---------------------------------
  GK=0.5*QT(z-1,1)*abs(QT(z-1,1))/(2*g*AT^2);
  HTA(z,1)=HG;
```

```
EKT=HT(z-1,2)-QT(z-1,2)*(UT-ST*TDT*
abs(QT(z-1,2))-WT*TDT);
QTA(z,1)=(HTA(z,1)-(EKT-GK))/UT;HTA(z,1)=HG;
EKT=HT(z-1,2)-QT(z-1,2)*(UT-ST*TDT*abs(QT(z-1,2))-WT*TDT);
QTA(z,1)=(HTA(z,1)-EKT)/UT;

% Vana sınır şartının uygulanması------------------------
To=0;      % İstenen kapanma zamanı
MO=0.6;    % Daimi akış için katsayı
MP=0.6;    % Bir kısılma sonucu için katsayı
if To==0
AV=0;
end
if To>0
AV=AV1-CDT*AC0/To;
end
if T>To
  AV=0; %ani kapanma
end
TO=MP*AV/(MO*AC0);
MV=(Q0*TO)^2/(2*HG);
AKC=HC(z-1,NC)+QC(z-1,NC)*(UC-SC*CDT*abs(QC(z-
1,NC))+WC*CDT);
Delta=(MV*UC)^2+2*MV*AKC;
QCA(z,NC1)=-MV*UC+sqrt(Delta);    %birinci konumda/zamanda
vana debisi
```

```
    HCA(z,NC1)=AKC-UC*QCA(z,NC1);         %birinci
    konumda/zamanda basinç
    AV1=AV;
% Parametrelerin döngü için ilk parametrelerin üzerine aktarılması---
    for i=1:NT1
    HT(z,i)=HTA(z,i);
    QT(z,i)=QTA(z,i);
    end

    for j=1:NC1
    HC(z,j)=HCA(z,j);
    QC(z,j)=QCA(z,j);
    end
end

% Maksimum ve minimum değerlerin elde edilmesi ve grafiğin çizilmesi
    temp=HC(:,1)-75;
    [minval,tmin]=min(temp);
    [maxval,tmax]=max(temp);
    minval
    mintime=tmin*CDT
    maxval
    maxtime=tmax*CDT

    X=[0:CDT:Tson];
    plot(X,(HC(:,1)-75),'b')
    hold on
```

Ek 13. Elastik yaklaşıma göre düz V tip denge bacası için yazılmış bilgisayar programı.

```
% Karakteristikler yöntemi-V tip denge bacası.
clear all
%- veriler-------------------------------------------
    DTC=4;        % Tünelin çapı
    DC=4;         % Cebri boru çapı
    XT=8000;      % Tünelin uzunluğu
    XC=1000;      % Cebri boru uzunluğu
    HG=75;        % Statik basınç
    Q0=49;        % Tüneldeki debi
    TE=0;         % Tünel boru eğimi
    CE=30;        % Cebri boru eğimi

%- sabitler-----------------------------
    g=9.81;       % Yerçekimi ivmesi
    aT=1401;      % Tüneldeki ses hızı
    aC=1401;      % Cebri borudaki ses hızı

%- ön hesaplar---------------------------
    DDC1=4;   % Denge bacasının giriş çapı

    AT=pi*DTC^2/4;       % Tünelin kesit alanı
    AC=pi*DC^2/4;        % Cebri boru kesit alan
    ADB1=pi*DDC1^2/4;    % Denge bacası alanı
    AC0=AC;              % Vana sınır koşulu için ön parametreler
```

```
AV=AC;
AV1=AC;

%Sürtünme Katsayısı Hesapları---------------------
    Re1=(abs(Q0)/AT)*DTC*998.2*1000/1.002; %Başlangıçta debi tünel
    ve cebri boru için aynı olduğundan, aynı Reynolds sayısı geçerli olur.
    if Re1==0
    f1=0;
    else
    f1=0.0782*Re1^(-0.1337);            %E/D=0,0000125 için
    end

% Tünel kaybı-----Hazne çıkış kaybı+boru kaybı-----------------
    TBK=(0.5*Q0^2)/(AT^2*2*9.81)+f1*XT*Q0^2/(2*g*DTC*AT^2);

% Cebri Boru kaybı---------------------------------
    CBK=f1*XC*Q0^2/(2*g*DC*AC^2); %düz boru kaybı

%- İterasyon verileri-------------------------------
    Tson=1000;  % İstenen zaman aralığı (s)
    NT=50;      % Tünel NT parçaya bölünür
    NT1=NT+1;   % NT+1 nokta sayısı

% Tünel için iterasyon zaman aralığı----------------------
    TDT=XT/(aT*NT);
    CDT=TDT;
    NC=ceil(XC/(aC*CDT));
```

```
NC1=NC+1;

% Başlangıç şartları--------------------
    T=0;
    for i=1:NT1
    HT(1,i)=HG-(i-1)*TBK/NT;
    QT(1,i)=Q0;
    end
    for j=1:NC1
    HC(1,j)=HT(NT1)-(j-1)*CBK/NC;
    QC(1,j)=Q0;
    end
    QD(1)=0;        %Denge bacasına giden ilk debi kararlı halde sıfırdır.

% Ara zaman dilimleri--------------------------------
    UC=aC/(g*AC);
    UT=aT/(g*AT);
     WC=sin(CE*pi/180)/AC;
    WT=sin(TE*pi/180)/AT;
    nz=ceil(Tson/CDT);

% Diğer zaman dilimleri------------------------
for z=2:nz
    T=T+CDT;

    Re2=(abs(QC(z-1,ceil(NC1/2)))/AC)*DC*998.2*1000/1.002;
    Re3=(abs(QT(z-1,ceil(NT1/2)))/AT)*DTC*998.2*1000/1.002;
```

```
if Re2==0
f2=0;
else
f2=0.0782*Re2^(-0.1337);
end
if Re3==0
f3=0;
else
f3=0.0782*Re3^(-0.1337);
end
SC=f2*aC/(2*g*DC*AC^2);
ST=f3*aT/(2*g*DTC*AT^2);

for k=2:NC
AKC=HC(z-1,k-1)+QC(z-1,k-1)*(UC-SC*CDT*abs(QC(z-1,k-
1))+WC*CDT);
HCA(z,k)=0.5*(AKC+HC(z-1,k+1)-QC(z-1,k+1)*(UC-
SC*CDT*abs(QC(z-1,k+1))-WC*CDT));
QCA(z,k)=(AKC-HCA(z,k))/UC;
end
for l=2:NT
AKT=HT(z-1,l-1)+QT(z-1,l-1)*(UT-ST*TDT*abs(QT(z-1,l-
1))+WT*TDT);
HTA(z,l)=0.5*(AKT+HT(z-1,l+1)-QT(z-1,l+1)*(UT-
ST*TDT*abs(QT(z-1,l+1))-WT*TDT));
QTA(z,l)=(AKT-HTA(z,l))/UT;
end
```

```
% Denge bacası sınır şartının uygulanması-------------------------
    TET=2;
    DDC2(z)=2*(tan(TET*3.14/180)*(HT(z-1,NT1)-DTC/2)+DDC1/2);
    % derece için
    ADB2(z)=pi*DDC2(z)^2/4;
    KE=2.6*sin(TET*3.14/180)*(1-ADB1/ADB2(z))^2; % 2*TET<45 der
    icin
    DBK=KE*(QD(z-1)/ADB1)^2/(2*9.81);

    AKT=HT(z-1,NT)+QT(z-1,NT)*(UT-ST*TDT*
    abs(QT(z-1,NT))+WT*TDT);
    EKC=HC(z-1,2)-QC(z-1,2)*(UC-SC*CDT*
    abs(QC(z-1,2))-WC*CDT);

    if QD(z-1)>0
    HCA(z,1)=((AKT-DBK)/UT+(EKC-DBK)/UC+
    ADB2*HC(z-1,1)/CDT)/(1/UT+1/UC+ADB2/CDT); %ADB2
    yükseklik değişiminin olduğu bölge
    else
    HCA(z,1)=((AKT+DBK)/UT+(EKC+DBK)/UC+
    ADB2*HC(z-1,1)/CDT)/(1/UT+1/UC+ADB2/CDT);
    end
     HTA(z,NT1)=HCA(z,1);
    if QD(z-1)>0
    QCA(z,1)=(HCA(z,1)-(EKC-DBK))/UC;
    QTA(z,NT1)=((AKT-DBK)-HTA(z,NT1))/UT;
```

```
else
QCA(z,1)=(HCA(z,1)-(EKC+DBK))/UC;
QTA(z,NT1)=((AKT+DBK)-HTA(z,NT1))/UT;
end
QD(z)=(HCA(z,1)-HC(z-1,1))*ADB2/CDT;

% Hazne sınır şartının uygulanması-------------------------------
GK=0.5*QT(z-1,1)*abs(QT(z-1,1))/(2*g*AT^2);
HTA(z,1)=HG;
EKT=HT(z-1,2)-QT(z-1,2)*(UT-ST*TDT*
abs(QT(z-1,2))-WT*TDT);
QTA(z,1)=(HTA(z,1)-(EKT-GK))/UT;HTA(z,1)=HG;
EKT=HT(z-1,2)-QT(z-1,2)*(UT-ST*TDT*
abs(QT(z-1,2))-WT*TDT);
QTA(z,1)=(HTA(z,1)-EKT)/UT;

% Vana sınır şartının uygulanması------------------------
To=0;       % İstenen kapanma zamanı
MO=0.6;     % Daimi akış için katsayı
MP=0.6;     % Bir kısılma sonucu için katsayı
if To==0
AV=0;
end
if To>0
AV=AV1-CDT*AC0/To;
end
if T>To
```

```
    AV=0; %ani kapanma
   end
   TO=MP*AV/(MO*AC0);
   MV=(Q0*TO)^2/(2*HG);
   AKC=HC(z-1,NC)+QC(z-1,NC)*(UC-SC*CDT*abs(QC(z-
   1,NC))+WC*CDT);
   Delta=(MV*UC)^2+2*MV*AKC;
   QCA(z,NC1)=-MV*UC+sqrt(Delta);      %birinci konumda/zamanda
   vana debisi
   HCA(z,NC1)=AKC-UC*QCA(z,NC1);        %birinci
   konumda/zamanda basinç
   AV1=AV;
% Parametrelerin döngü için ilk parametrelerin üzerine aktarılması---
   for i=1:NT1
   HT(z,i)=HTA(z,i);
   QT(z,i)=QTA(z,i);
   end

   for j=1:NC1
   HC(z,j)=HCA(z,j);
   QC(z,j)=QCA(z,j);
   end
end

% Maksimum ve minimum değerlerin elde edilmesi ve grafiğin çizilmesi
   temp=HC(:,1)-75;
   [minval,tmin]=min(temp);
```

```
[maxval,tmax]=max(temp);
minval
mintime=tmin*CDT
maxval
maxtime=tmax*CDT
DMax=DDC2(:);
[maxDDC2]=max(DMax);
maxDDC2

X=[0:CDT:Tson];
plot(X,(HC(:,1)-75),'b')
hold on
```

Ek 14. Elastik yaklaşıma göre ters V tip denge bacası için yazılmış bilgisayar programı.

```
% Karakteristikler yöntemi-Ters V tip denge bacası.
clear all
%- veriler-------------------------------------------
    DTC=4;      % Tünelin çapı
    DC=4;       % Cebri boru çapı
    XT=8000;    % Tünelin uzunluğu
    XC=1000;    % Cebri boru uzunluğu
    HG=75;      % Statik basınç
    Q0=49;      % Tüneldeki debi
    TE=0;       % Tünel boru eğimi
    CE=30;      % Cebri boru eğimi

%- sabitler-----------------------------
    g=9.81;   % Yerçekimi ivmesi
    aT=1401;  % Tüneldeki ses hızı
    aC=1401;    % Cebri borudaki ses hızı

%- ön hesaplar---------------------------
    DDC1=12.5;   % Denge bacasının giriş çapı

    AT=pi*DTC^2/4; % Tünelin kesit alanı
    AC=pi*DC^2/4;   % Cebri boru kesit alan
    ADB1=pi*DDC1^2/4;  % Denge bacası alanı
    AC0=AC;            % Vana sınır koşulu için ön parametreler
```

```
AV=AC;
AV1=AC;

%Sürtünme Katsayısı Hesapları----------------------
Re1=(abs(Q0)/AT)*DTC*998.2*1000/1.002; %Başlangıçta debi tünel ve cebri boru için aynı olduğundan, aynı Reynolds sayısı geçerli olur.
if Re1==0
f1=0;
else
f1=0.0782*Re1^(-0.1337);          %E/D=0,0000125 için
end

% Tünel kaybı-----Hazne çıkış kaybı+boru kaybı
TBK=(0.5*Q0^2)/(AT^2*2*9.81)+f1*XT*Q0^2/(2*g*DTC*AT^2);

% Cebri Boru kaybı--------------------------------
CBK=f1*XC*Q0^2/(2*g*DC*AC^2); %düz boru kaybı

%- İterasyon verileri--------------------------------
Tson=1000; % İstenen zaman aralığı (s)
NT=50;     % Tünel NT parçaya bölünür
NT1=NT+1; % NT+1 nokta sayısı

% Tünel için iterasyon zaman aralığı-----------------
TDT=XT/(aT*NT);
CDT=TDT;
NC=ceil(XC/(aC*CDT));
```

```
    NC1=NC+1;

% Başlangıç şartları---------------------------------
    T=0;
    for i=1:NT1
    HT(1,i)=HG-(i-1)*TBK/NT;
    QT(1,i)=Q0;
    end
    for j=1:NC1
    HC(1,j)=HT(NT1)-(j-1)*CBK/NC;
    QC(1,j)=Q0;
    end
    QD(1)=0;        %Denge bacasına giden ilk debi kararlı halde sıfırdır.

% Ara zaman dilimleri-------------------------------------
    UC=aC/(g*AC);
    UT=aT/(g*AT);
     WC=sin(CE*pi/180)/AC;
    WT=sin(TE*pi/180)/AT;
    nz=ceil(Tson/CDT);

% Diğer zaman dilimleri------------------------------------
for z=2:nz
    T=T+CDT;

    Re2=(abs(QC(z-1,ceil(NC1/2)))/AC)*DC*998.2*1000/1.002;
    Re3=(abs(QT(z-1,ceil(NT1/2)))/AT)*DTC*998.2*1000/1.002;
```

```
if Re2==0
f2=0;
else
f2=0.0782*Re2^(-0.1337);
end
if Re3==0
f3=0;
else
f3=0.0782*Re3^(-0.1337);
end
SC=f2*aC/(2*g*DC*AC^2);
ST=f3*aT/(2*g*DTC*AT^2);

for k=2:NC
AKC=HC(z-1,k-1)+QC(z-1,k-1)*(UC-SC*CDT*abs(QC(z-1,k-
1))+WC*CDT);
HCA(z,k)=0.5*(AKC+HC(z-1,k+1)-QC(z-1,k+1)*(UC-
SC*CDT*abs(QC(z-1,k+1))-WC*CDT));
QCA(z,k)=(AKC-HCA(z,k))/UC;
end
for l=2:NT
AKT=HT(z-1,l-1)+QT(z-1,l-1)*(UT-ST*TDT*abs(QT(z-1,l-
1))+WT*TDT);
HTA(z,l)=0.5*(AKT+HT(z-1,l+1)-QT(z-1,l+1)*(UT-
ST*TDT*abs(QT(z-1,l+1))-WT*TDT));
QTA(z,l)=(AKT-HTA(z,l))/UT;
end
```

```
% Denge bacası sınır şartının uygulanması----------------------------
  TET=1.5;    %daralma açı değeri
  DDC2(z)=(DDC1-2*(tan(TET*3.14/180)*(HT(z-1,NT1)-DTC/2)));
  ADB2(z)=pi*DDC2(z)^2/4;
  Kdeg=0.4*sin(TET*3.14/180)*(1-ADB2(z)/ADB1); %www.rtu
  2*TET<45 için
  DBK=Kdeg*(QD(z-1)/ADB2(z))^2/(2*9.81);

 AKT=HT(z-1,NT)+QT(z-1,NT)*(UT-ST*TDT*
  abs(QT(z-1,NT))+WT*TDT);
 EKC=HC(z-1,2)-QC(z-1,2)*(UC-SC*CDT*
  abs(QC(z-1,2))-WC*CDT);

 if QD(z-1)>0
 HCA(z,1)=((AKT-DBK)/UT+(EKC-DBK)/UC+
  ADB2(z)*HC(z-1,1)/CDT)/(1/UT+1/UC+ADB2(z)/CDT);
  %ADB2 yükseklik değişiminin olduğu bölge
 else
 HCA(z,1)=((AKT+DBK)/UT+(EKC+DBK)/UC+
  ADB2(z)*HC(z-1,1)/CDT)/(1/UT+1/UC+ADB2(z)/CDT);
 end

 HTA(z,NT1)=HCA(z,1);
 if QD(z-1)>0
 QCA(z,1)=(HCA(z,1)-(EKC-DBK))/UC;
 QTA(z,NT1)=((AKT-DBK)-HTA(z,NT1))/UT;
 else
```

```
QCA(z,1)=(HCA(z,1)-(EKC+DBK))/UC;
QTA(z,NT1)=((AKT+DBK)-HTA(z,NT1))/UT;
end
QD(z)=(HCA(z,1)-HC(z-1,1))*ADB2(z)/CDT;

% Hazne sınır şartının uygulanması-----------------------------------
GK=0.5*QT(z-1,1)*abs(QT(z-1,1))/(2*g*AT^2);
HTA(z,1)=HG;
EKT=HT(z-1,2)-QT(z-1,2)*(UT-ST*TDT*
abs(QT(z-1,2))-WT*TDT);
QTA(z,1)=(HTA(z,1)-(EKT-GK))/UT;HTA(z,1)=HG;
EKT=HT(z-1,2)-QT(z-1,2)*(UT-ST*TDT*abs(QT(z-1,2))-WT*TDT);
QTA(z,1)=(HTA(z,1)-EKT)/UT;

% Vana sınır şartının uygulanması--------------------------------
To=0;      % İstenen kapanma zamanı
MO=0.6;    % Daimi akış için katsayı
MP=0.6;    % Bir kısılma sonucu için katsayı
if To==0
AV=0;
end
if To>0
AV=AV1-CDT*AC0/To;
end
if T>To
  AV=0; %ani kapanma
end
```

```
    TO=MP*AV/(MO*AC0);
    MV=(Q0*TO)^2/(2*HG);
    AKC=HC(z-1,NC)+QC(z-1,NC)*(UC-SC*CDT*abs(QC(z-
    1,NC))+WC*CDT);
    Delta=(MV*UC)^2+2*MV*AKC;
    QCA(z,NC1)=-MV*UC+sqrt(Delta);     %birinci konumda/zamanda
    vana debisi
    HCA(z,NC1)=AKC-UC*QCA(z,NC1);      %birinci
    konumda/zamanda basinç
    AV1=AV;
% Parametrelerin döngü için ilk parametrelerin üzerine aktarılması-----

    for i=1:NT1
    HT(z,i)=HTA(z,i);
    QT(z,i)=QTA(z,i);
    end

    for j=1:NC1
    HC(z,j)=HCA(z,j);
    QC(z,j)=QCA(z,j);
    end
end

% Maksimum ve minimum değerlerin elde edilmesi ve grafiğin çizilmesi
    temp=HC(:,1)-75;
    [minval,tmin]=min(temp);
    [maxval,tmax]=max(temp);
```

```
minval
mintime=tmin*CDT
maxval
maxtime=tmax*CDT

X=[0:CDT:Tson];
plot(X,(HC(:,1)-75),'b')
hold on
```

Ek 15. Elastik su sütunu yaklaşımına göre elde edilen sonuçlar.

Denge Bacası Şekli (Statik Seviye 75 m)	Açı	Kapama Zamanı (sn)	Giriş Kesit Çapı (m)	Çıkış Kesit Çapı (m)	Tünel Bölüm Sayısı	Denge Bacasındaki Maksimum Yükselme (m)	Maksimum Yükselmenin Oluşma Süresi (sn)	Denge Bacası Minimum Hacmi (m3)	Meydana Gelen Minimum Yükseklik
Düz Klasik		**0**	**9**	**9**	**50**	**41,112**	**114,433**	**7255,812**	-31,063
		125	**9**	**9**	**50**	**35,062**	**178,387**	**6871,122**	
		165	**9**	**9**	**50**	**30,916**	**202,027**	**6607,499**	
Boğumlu		0	2,5	9	50	Değerler normal dışı			
		0	3,0	9	50	40,070	114,433	6624,356	-29,809
		0	3,3	9	50	40,521	114,433	6667,869	-30,327
		0	3,6	9	50	40,830	114,433	6703,767	-30,701
		0	3,7	9	50	40,910	114,433	6714,603	-30,801
		0	3,8	9	50	40,981	114,433	6724,986	-30,892
		0	4,0	9	50	41,100	114,433	6744,799	-31,047
		0	4,1	9	50	41,102	114,433	6751,271	-31,049
		0	4,3	9	50	41,104	114,433	6764,599	-31,052
		0	4,5	9	50	41,106	114,433	6778,523	-31,054
		0	5,0	9	50	41,109	114,433	6815,989	-31,058
		0	**3,5**	**9**	**50**	**40,740**	**114,433**	**6692,470**	**-30,589**
		125	**3,5**	**9**	**50**	**34,988**	**178,387**	**6326,729**	
		165	**3,5**	**9**	**50**	**30,870**	**202,027**	**6064,886**	
Düz V	0,5	0	4,0	6,434	50	66,540	69,665	3035,085	-75,215
	1,0	0	4,0	8,308	50	50,475	88,851	3820,427	-61,021
	1,5	0	4,0	9,962	50	40,902	104,839	4622,161	-47,848
	3,0	0	4,0	14,350	50	25,791	162,398	7220,870	-25,145
	2,0	**0**	**4,0**	**11,494**	**50**	**34,356**	**124,026**	**5452,294**	**-37,872**
	2,0	**125**	**4,0**	**11,170**	**50**	**29,711**	**187,866**	**4983,953**	
	2,0	**165**	**4,0**	**10,961**	**50**	**26,716**	**211,278**	**4696,173**	
Ters V	3,0	0	12,5	Değerler normal dışı					
	2,0	0	12,5						
	1,8	0	12,5	2,584	50	84,839	82,455	8063,442	-32,136
	1,7	0	12,5	4,032	50	69,726	88,851	8325,043	-31,404
	1,0	0	12,5	8,537	50	40,583	124,026	9981,383	-25,783
	0,5	0	12,5	10,657	50	32,672	146,410	11143,825	-22,366
	1,5	**0**	**12,5**	**5,750**	**50**	**55,944**	**98,444**	**8812,873**	**-29,731**
	1,5	**125**	**12,5**	**6,357**	**50**	**44,354**	**165,482**	**8479,168**	
	1,5	**165**	**12,5**	**6,738**	**50**	**37,074**	**189,921**	**8234,098**	

Ek 16. Deney düzenek verilerinin Excel dosyasında hesaplanmış hali.

	Tünel Boyu (m)	Tünel Boru Çapı (m)	Baca Çapı (m)	Kayıp Katsayısı	Başlangıçtaki Akış Hızı (m/s)	Prototip Alanlar Oranı	Model Alanlar Oranı	Model Baca Çapı (m)	Tünel Yüzeyinden Haznedeki Statik Seviye	0,5 m Boy İçin Denge Bacası Çapı (m)
Model	2	0,0418		1	0,1					
Prototip	8000	4	4	1	3,9013			0,0418		
Model	2	0,0418		1	0,1					
Prototip	8000	4	9,0984	1	3,9013	5,173805	1,96865	0,05865	0,241368689	0,076703052
									241 mm alındı	

Ek 17. Rijit yaklaşıma göre deney düzeneği için yazılmış bilgisayar programı.

```
% Deney düzeneği için bilgisayar programı ---------------
Clear all
format long
g=9.81;     % Yerçekimi ivmesi
DTC=0.0418; % Tünelin Çapı
L=1.7;      % Tünelin Uzunluğu (debimetre hariç)
Q0=0.000137;    % Tüneldeki Debi
HG=0.2619;      % Statik seviye

%- ön hesaplar--------------------------------------

DDC1=0.0418;  % Denge bacasının ilk çapı
AT=pi*DTC^2/4;     % Tünelin kesit alanı
ADB1=pi*DDC1^2/4;  % Denge bacası alanı

% Başlangıç koşulları--------------------------------

V(1)=Q0/AT;        % Tüneldeki kararlı halde hız T=0 anı
Re1=abs(V(1))*DTC*998.2*1000/1.002;  % Tünel için Reynolds sayısı
(ortalama hız alınamadığından başlangıçtaki hız alınarak Reynolds
bulunmuştur)
if Re1==0
   f1=0;
else
```

```
  if Re1<3000
    f1=64/Re1;
  else
  f1=0.3478*Re1^(-0.2573);
  end
end

KT=f1*L/(2*g*DTC);          % Tünel boru kayıp katsayısı
KC=0.5/(2*g);               % Hazne çıkış kayıp katsayısı
KD=1;

T=0;                  % T=0 anı için işlemler

z(1)=-(KD+KT+KC)*V(1)^2;    % Kararlı halde denge bacasında statik
                              seviyeye olan fark
QM(1)=Q0;             % Başlangıçta debi
Qi(1)=Q0;

Tson=9;             % İstenen zaman
DT=0.01;            % İstenen zaman aralığı
nz=ceil(Tson/DT);   % Oluşan iterasyon sayısı

% Kapanma kanunu ile cebri boruya giden debi--------------------

for k=1:nz
  T=T+DT;
  To=0;               % Kapanma zamanı
```

```
  if To>0
  Qi(k+1)=Qi(k)-DT*Q0/To;
  end
  if T>To
     Qi(k+1)=0; %ani kapanma
  end

  QM(k)=(Qi(k)+Qi(k+1))/2;        %Kapanma ile cebri boru debisi

  if To==0
     QM(k)=0;
  end
end

% Diğer zaman aralıkları--------------------

for i=1:nz
Re2=abs(V(i))*DTC*998.2*1000/1.002;   % Tünel için Reynolds sayısı
(ortalama hız alınamadığından başlangıçtaki hız alınarak Reynolds
bulunmuştur)
if Re2==0
  f2=0;
else
  if Re2<3000
     f2=64/Re2;
  else
```

```
    f2=0.3478*Re2^(-0.2573);
    end
end

KT=f2*L/(2*g*DTC);  % Tünel boru kayıp katsayısı
KC=0.5/(2*g);        % Hazne çıkış kayıp katsayısı
KD=1;                      % Debimetre kaybı

if V(i)<0
FT=-(KD+KT+KC);
else
FT=(KD+KT+KC);
end

% Denge bacası kayıp katsayısı, çap ve alan hesabı

TET=2;
   DDC2(i)=2*(tan(TET*3.14/180)*(HG+z(i)-DTC/2)+DDC1/2);
   ADB2=pi*DDC2(i)^2/4;
   KE=2.6*sin(TET*3.14/180)*(1-ADB1/ADB2)^2;  % 2tet<45 der için
   KS=KE*(ADB2/ADB1)^2/(2*g);

if V(i)<0
FS=-KS;
else
FS=KS;
end
```

```
% Denklem çözümü için katsayıların hesaplanması-----------------

a=(FT*ADB2^2+FS*AT^2)/(4*ADB2^2)+AT^2/(8*g*ADB2^2);
b=L/(g*DT)+AT*DT/(4*ADB2)+FT*V(i)+FS*AT*(V(i)*AT-
QM(i))/(ADB2^2)+(AT^2*V(i)-AT*QM(i))/(2*g*ADB2^2);
c=FS*(V(i)*AT-QM(i))^2/(ADB2^2)+FT*V(i)^2+z(i)+DT*(V(i)*AT-
QM(i))/(2*ADB2)+(AT^2*V(i)^2-
2*AT*QM(i)*V(i)+QM(i)^2)/(2*g*ADB2^2);

% Bir sonraki zaman dilimine geçiş için değerler-----------------

DV(i)=(-b+sqrt(b^2-4*a*c))/(2*a);
V(i+1)=V(i)+DV(i);
Dz(i)=(V(i)*AT+AT*DV(i)/2-QM(i))*DT/ADB2;
z(i+1)=z(i)+Dz(i);
end
zt=z';

temp=z(:);
[minval,tmin]=min(temp);
[maxval,tmax]=max(temp);
minval
mintime=tmin*DT
maxval
maxtime=tmax*DT
DMax=DDC2(:);
```

```
[maxDDC2]=max(DMax);
maxDDC2
```

Ek 18. Elastik yaklaşıma göre deney düzeneği için yazılmış bilgisayar programı.

```
clear all
format long
% Karakteristikler yöntemi-Deney düzeneği için

%- Veriler--------------------------------------------

DTC=0.0418;   %Tünelin çapı
DC=0.0418;    %Cebri boru çapı
XT1=1;   %Tünelin ilk uzunluğu
XT2=0.7;         %Tünelin ikinci kısım uzunluğu
XC=0.25;     %Cebri boru uzunluğu
HG=0.2619;     %Statik seviye
Q0=0.000139;   %Tüneldeki debi

TE=0;    %Tünel boru eğimi
CE=30;    %Cebri boru eğimi

%- Sabitler-----------------------------------------

g=9.81;    %Yerçekimi ivmesi
aT=1373;    %Tüneldeki ses hızı
aC=1373;     %Cebri boru ses hızı


%- Ön hesaplar---------------------------------------
```

```
DDC1=0.0418; %Denge bacasında ilk kesit
AT=pi*DTC^2/4;       %Tünelin kesit alanı
AC=pi*DC^2/4;        % Cebri boru kesit alanı
ADB1=pi*DDC1^2/4; % Denge bacası alanı
AC0=AC;
AV=AC;
AV1=AC;


%Sürtünme katsayısı hesapları----------------------------------

Re1=(abs(Q0)/AT)*DTC*998.2*1000/1.002; %Başlangıçta debi tünel ve
cebri boru için aynı olduğundan
if Re1==0
   f1=0;
else
   if Re1<3000
      f1=64/Re1;
   else
   f1=0.3478*Re1^(-0.2573);
   end
end

% Tünel kaybı-----------------------------------------------

TBK1=(0.5*Q0^2)/(AT^2*2*9.81)+f1*XT1*Q0^2/(2*g*DTC*AT^2);
```

```
TBK2=(Q0^2)/(AT^2);
TBK=f1*XT2*Q0^2/(2*g*DTC*AT^2);

% Cebri boru kaybı-------------------------------------

CBK=f1*XC*Q0^2/(2*g*DC*AC^2);  % düz boru kaybı

%- İterasyon verileri--------------------------------

Tson=9;   % istenen zaman aralığı (sn)
NTI=9;          % tünelin ilk parçası NT parçaya bölünür
NTI1=NTI+1;   % NT+1 nokta sayısı

% tünel için iterasyon zaman aralığı-----------------

TDTI=XT1/(aT*NTI);   %ilk tünel parçası için
TDT=TDTI;            %ikinci tünel parçası için
CDT=TDTI;            %cebri boru için

NT=ceil(XT2/(aT*TDT));
NT1=NT+1;
%ikinci tünel parçası için

NC=ceil(XC/(aC*CDT));
NC1=NC+1; %cebri boru için

% Başlangıç şartları-------------------------------------
```

```
T=0;
for i=1:NTI1
   HTI(1,i)=HG-(i-1)*TBK1/NTI;
   QTI(1,i)=Q0;
end
HT(1,1)=HTI(1,NTI1)-TBK2;     %debimetre kaybı
QT(1,1)=Q0;
for s=2:NT1
   HT(1,s)=HT(1,1)-(i-1)*TBK/NT;
   QT(1,s)=Q0;
end
for j=1:NC1
   HC(1,j)=HT(1,NT1)-(j-1)*CBK/NC;
   QC(1,j)=Q0;
end
 QD(1)=0;       %denge bacasına giden ilk debi

% Ara noktalar için katsayılar------------------------------------------------

UC=aC/(g*AC);
UT=aT/(g*AT);

WC=sin(CE*pi/180)/AC;
WT=sin(TE*pi/180)/AT;

nz=ceil(Tson/CDT);
```

```
% İkinci zaman dilimine geçiş----------------------------------

for z=2:nz

T=T+CDT;

Re2=(abs(QC(z-1,ceil(NC1/2)))/AC)*DC*998.2*1000/1.002;
Re3=(abs(QT(z-1,ceil(NT1/2)))/AT)*DTC*998.2*1000/1.002;
Re4=(abs(QTI(z-1,ceil(NTI1/2)))/AT)*DTC*998.2*1000/1.002;
if Re2==0
   f2=0;
else
   if Re2<3000
      f2=64/Re2;
   else
   f2=0.3478*Re2^(-0.2573);
   end
end
if Re3==0
   f3=0;
else
   if Re3<3000
      f3=64/Re3;
   else
   f3=0.3478*Re3^(-0.2573);
   end
end
```

```
if Re4==0
   f4=0;
else
   if Re4<3000
      f4=64/Re4;
   else
   f4=0.3478*Re4^(-0.2573);
   end
end
SC=f2*aC/(2*g*DC*AC^2);
ST=f3*aT/(2*g*DTC*AT^2);
STI=f4*aT/(2*g*DTC*AT^2);

for k=2:NC

   AKC=HC(z-1,k-1)+QC(z-1,k-1)*(UC-SC*CDT*
      abs(QC(z-1,k-1))+WC*CDT);
   HCA(z,k)=0.5*(AKC+HC(z-1,k+1)-QC(z-1,k+1)*
      (UC-SC*CDT*abs(QC(z-1,k+1))-WC*CDT));
   QCA(z,k)=(AKC-HCA(z,k))/UC;

end

% İlk tünel parçası-------------------------------------------------

for l=2:NTI
   AKTI=HTI(z-1,l-1)+QTI(z-1,l-1)*(UT-STI*TDTI*
```

```
    abs(QTI(z-1,l-1))+WT*TDTI);
  HTAI(z,l)=0.5*(AKTI+HTI(z-1,l+1)-QTI(z-1,l+1)*
    (UT-STI*TDTI*abs(QTI(z-1,l+1))-WT*TDTI));
  QTAI(z,l)=(AKTI-HTAI(z,l))/UT;
end

%Ara debimetre sınır şartı------------------------------------

DMK=QTI(z-1,NTI1)*abs(QTI(z-1,NTI1))/(AT^2); % Debimetre kaybı

AKTI=HTI(z-1,NTI)+QTI(z-1,NTI)*(UT-STI*TDTI*
    abs(QTI(z-1,NTI))+WT*TDTI);
EKT=HT(z-1,2)-QT(z-1,2)*(UT-ST*TDT*abs(QT(z-1,2))-WT*TDT);

HTAI(z,NTI1)=(AKTI+EKT+DMK)/2; %debimetreye giren ve çıkan
        debi koşulu ile
HTA(z,1)=HTAI(z,NTI1)-DMK;
QTAI(z,NTI1)=(AKTI-HTAI(z,NTI1))/UT;
QTA(z,1)=QTAI(z,NTI1);

% İkinci tünel parçası----------------------------

for l=2:NT
  AKT=HT(z-1,l-1)+QT(z-1,l-1)*(UT-ST*TDT*abs(QT(z-1,l-
1))+WT*TDT);
  HTA(z,l)=0.5*(AKT+HT(z-1,l+1)-QT(z-1,l+1)*(UT-
ST*TDT*abs(QT(z-1,l+1))-WT*TDT));
```

```
    QTA(z,l)=(AKT-HTA(z,l))/UT;
end

% Denge bacası sınır şartı-------------------------------------

    TET=2;
    DDC2(z)=2*(tan(TET*3.14/180)*(HT(z-1,NT1)-0.0209)+0.0209);
    ADB2=pi*DDC2(z)^2/4;
    KE=2.6*sin(TET*3.14/180)*(1-ADB1/ADB2)^2; %  2tet<45 der için
    DBK=KE*(QD(z-1)/ADB1)^2/(2*9.81);          %denge bacası kaybı

    AKT=HT(z-1,NT)+QT(z-1,NT)*(UT-ST*TDT*
       abs(QT(z-1,NT))+WT*TDT);
    EKC=HC(z-1,2)-QC(z-1,2)*(UC-SC*CDT*
       abs(QC(z-1,2))-WC*CDT);

     if QD(z-1)>0
    HCA(z,1)=((AKT-DBK)/UT+(EKC-DBK)/UC+
    ADB2*HC(z-1,1)/CDT)/(1/UT+1/UC+ADB2/CDT); %ADB2
          yükseklik değişiminin olduğu bölge
    else
    HCA(z,1)=((AKT+DBK)/UT+(EKC+DBK)/UC+
       ADB2*HC(z-1,1)/CDT)/(1/UT+1/UC+ADB2/CDT);
     end

    HTA(z,NT1)=HCA(z,1);
    if QD(z-1)>0
```

```
QCA(z,1)=(HCA(z,1)-(EKC-DBK))/UC;
QTA(z,NT1)=((AKT-DBK)-HTA(z,NT1))/UT;
else
QCA(z,1)=(HCA(z,1)-(EKC+DBK))/UC;
QTA(z,NT1)=((AKT+DBK)-HTA(z,NT1))/UT;
end
QD(z)=(HCA(z,1)-HC(z-1,1))*ADB2/CDT;

% Hazne sınır şartı--------------------------------------------------

GK=0.5*QTI(z-1,1)*abs(QTI(z-1,1))/(2*g*AT^2);
HTAI(z,1)=HG;
EKTI=HTI(z-1,2)-QTI(z-1,2)*(UT-STI*TDTI*
   abs(QTI(z-1,2))-WT*TDTI);
QTAI(z,1)=(HTAI(z,1)-(EKTI-GK))/UT;

% Vana sınır şartı------------------------------------------

To=0;
MO=0.6;    %daimi bir akış için debi katsayısı
MP=0.6;    %bir kısılma sonucu debi katsayısı
if To==0
  AV=0;
end
if To>0
AV=AV1-CDT*AC0/To;
end
```

```
if T>To
   AV=0; % ani kapanma
end

TO=MP*AV/(MO*AC0);
MV=(Q0*TO)^2/(2*HG);

AKC=HC(z-1,NC)+QC(z-1,NC)*(UC-SC*CDT*
   abs(QC(z-1,NC))+WC*CDT);
Delta=(MV*UC)^2+2*MV*AKC;
QCA(z,NC1)=-MV*UC+sqrt(Delta);   % birinci konumda/zamanda
vana debisi
HCA(z,NC1)=AKC-UC*QCA(z,NC1);      %birinci konumda/zamanda
basınç
   AV1=AV;

for i=1:NTI1
   HTI(z,i)=HTAI(z,i);
   QTI(z,i)=QTAI(z,i);
end

for i=1:NT1
   HT(z,i)=HTA(z,i);
   QT(z,i)=QTA(z,i);
end

for j=1:NC1
```

```
   HC(z,j)=HCA(z,j);
   QC(z,j)=QCA(z,j);
end

end
temp=HC(:,1)-0.2619;
[minval,tmin]=min(temp);
[maxval,tmax]=max(temp);
minval
mintime=tmin*CDT
maxval
maxtime=tmax*CDT
DMax=DDC2(:);
[maxDDC2]=max(DMax);
maxDDC2

X=[0:CDT:Tson];
plot(X,(HC(:,1)-0.2619),'b')
hold on
```

ÖZGEÇMİŞ

Tarık Efe KENDİR; Ege Üniversitesi Makina Mühendisliği Bölümü'nde 1998 yılında Konstrüksiyon-İmalat Anabilim Dalında lisans eğitimini, 2002 yılında da Fen Bilimleri Enstitüsü Makina Mühendisliği Anabilim Dalında Makina Teorisi ve Dinamiği'nde yüksek lisans eğitimini ve de 2006 yılında yine aynı Enstitünün Güneş Enerjisi Anabilim Dalında Enerji Teknolojisi'nde Doktora eğitimini tamamlamıştır.

Kolibri 360 GmbH
Ferdinand-Jühlke-Straße 7
99095 Erfurt, Deutschland
produktsicherheit@kolibri360.de

Druck:
CPI Druckdienstleistungen GmbH
im Auftrag der
Kolibri 360 GmbH
Ferdinand-Jühlke-Str. 7
99095 Erfurt